U0251048

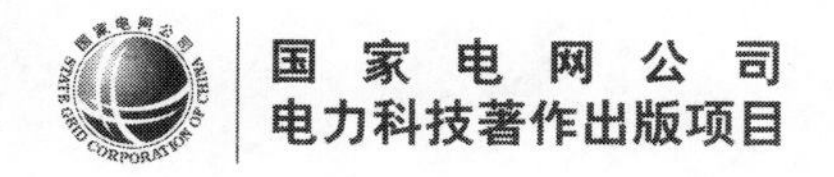

戈壁抗拔基础承载性能试验与计算

鲁先龙　程永锋　著

中国电力出版社
CHINA ELECTRIC POWER PRESS

内 容 提 要

戈壁地基是广泛分布于我国西北地区的一类区域性特殊土地基。随着西部资源开发和经济的快速发展，越来越多的电网工程建设需途经戈壁地区。杆塔基础作为输电线路的一个重要组成部分，抗拔性能通常是其设计的控制条件。戈壁基础抗拔承载特性是西部特殊土地区电网建设中亟待研究解决的关键问题之一。本书依托国家电网公司“戈壁滩地区输电线路碎石地基杆塔基础研究”、“原状土杆塔基础剪切法抗拔稳定计算参数 A_1 和 A_2 的研究”以及新疆电力设计院“新疆地区戈壁滩碎石土地基输电线路杆塔掏挖基础试验研究”项目研究成果，系统地介绍了戈壁原状土基础的抗拔性能，建立了基于强度和变形统一的戈壁地基抗拔基础的设计理论和方法。

本书共分为戈壁覆盖层概述、戈壁掏挖基础抗拔现场试验、戈壁掏挖基础抗拔荷载—位移特性、戈壁掏挖扩底基础抗拔承载力计算与抗拔设计可靠度分析、基于强度和变形统一的戈壁基础抗拔设计和戈壁抗拔基础承载性能研究展望共六章。

本书可供从事架空输电线路杆塔基础研究和设计人员使用，也可作为岩土工程专业勘察、设计和施工人员及高等院校土木工程相关专业教师和学生的参考用书。

图书在版编目（CIP）数据

戈壁抗拔基础承载性能试验与计算/鲁先龙，程永锋著. —北京：中国电力出版社，2015.2

ISBN 978-7-5123-6693-0

Ⅰ.①戈… Ⅱ.①鲁… ②程… Ⅲ.①戈壁-基础(工程)-抗拔力-承载力-试验 ②戈壁-基础(工程)-抗拔力-承载力-计算 Ⅳ.①TU441

中国版本图书馆 CIP 数据核字（2014）第 246894 号

中国电力出版社出版、发行

（北京市东城区北京站西街 19 号 100005 http://www.cepp.sgcc.com.cn）

汇鑫印务有限公司印刷

各地新华书店经售

*

2015 年 2 月第一版 2015 年 2 月北京第一次印刷

710 毫米×980 毫米 特 16 开本 8 印张 138 千字

定价 **50.00** 元

前言

随着21世纪重大工程建设项目的增多，越来越多的岩土工程建设中都存在基础抗拔问题，如输电线路杆塔和通信塔基础、抗浮桩、海洋平台基础、水中及泥中的管道基础、水下基础、冻土和膨胀土地基的基础等都需要承受上拔荷载，抗拔基础承载特性研究已成为当今岩土工程界关注的一个热点问题。

戈壁地基是广泛分布于我国西北地区的一种特殊土地基，一般为冲洪积物，多分布在盆地边缘地带、冲积—洪积扇地段。戈壁土胶结效应明显，其工程性质明显不同于一般的“土石混合体”。总体上看，土骨架结构和相互作用可分为3个层次，即粗粒（圆砾、角砾、卵石等碎石）、细粒（砂类或黄土类黏性土堆积填充）以及细粒—粗粒间的胶结作用。随着我国疆电外送等电网工程的建设，越来越多的输电线路杆塔基础工程需经过戈壁地区，而抗拔性能通常是杆塔基础设计的控制条件。为充分利用天然戈壁地基抗拔性能，掏挖基础（扩底基础或直柱基础）在该地区输电线路工程中广泛应用。但目前国内外对承受上拔载荷作用地基基础问题研究相对较少，且多集中于桩基及回填土条件下的扩展基础，而对戈壁地基原状土抗拔基础承载性能的研究尚属空白。

本书依托国家电网公司“戈壁滩地区输电线路碎石地基杆塔基础研究”、“原状土杆塔基础剪切法抗拔稳定计算参数 A_1 和 A_2 的研究”以及新疆电力设计院“新疆地区戈壁滩碎石土地基输电线路杆塔掏挖基础试验研究”项目，对戈壁碎石土掏挖基础的抗拔承载性能展开研究，从而分析戈壁碎石土基础抗拔荷载—位移特征，揭示戈壁碎石土基础抗拔承载机理，建立上拔荷载作用下戈壁碎石土基础抗拔极限承载力计算理论及其荷载—位移数学模型，形成戈壁碎石土基础抗拔荷载位移控制与计算方法。

本书研究成果已经在DL/T 5219—2005《架空送电线路基础设计技术规定》修订，以及Q/GDW 1777—2012《架空输电线路戈壁碎石土地基掏挖基础技术导则》、电力行业标准《架空输电线路戈壁碎石土地基掏挖基础设计与施工技术导则》制订中获得采纳。此外，相关理论成果已应用于多个输电线路工程中，并同原设计相比，可节约基础本体造价15%～30%，具有较好的经济效益和环境效益。

本书系统介绍了戈壁的定义、分布、类型及物理力学性质，并根据新疆和甘肃7个地点46个戈壁地基掏挖扩底基础和19个掏挖直柱基础现场抗拔试验成果，采用4种典型基础承载性能失效准则评价了戈壁土掏挖基础抗拔性能，得到了戈壁抗拔基础归一化荷载—位移特征曲线，并与钻孔灌注桩抗拔性能进行分析对比。基于正交试验成果分析了掏挖扩底基础的抗拔极限承载力影响因素，建立了戈壁掏挖扩底基础抗拔极限承载力及其可靠度的计算方法，提出了戈壁地基掏挖基础抗拔荷载、位移的预测模型与方法，给出了戈壁原状土抗拔基础正常使用极限状态下允许位移和允许荷载的计算方法，形成了基于强度和变形统一的戈壁原状土抗拔基础工程设计理论与方法。

本书试验工作得到了国家电网公司“戈壁滩地区输电线路碎石地基杆塔基础研究”、“原状土杆塔基础剪切法抗拔稳定计算参数 A_1 和 A_2 的研究”以及新疆电力设计院“新疆地区戈壁滩碎石土地基输电线路杆塔掏挖基础试验研究”等项目的资助。试验过程中得到了甘肃电力设计院张西、安维忠、李永祥、刘生奎以及新疆电力设计院朱江、邓海骥、张鹏、董天元等领导和专家的关心与支持。同时，项目研究得到了作者所在的岩土工程实验室（国家电网公司重点实验室）全体同事的大力支持，特别是童瑞铭、郑卫锋、崔强、杨文智等在试验、计算分析中付出了辛勤的劳动。在此，作者一并表示感谢。

此外，在本书编写过程中，收集和引用了国内外相关科研院所、高校和工程单位的研究成果，在此，作者也对他们一并表示感谢。

由于作者水平有限，书中难免存有错误和不当之处，敬请广大读者批评指正。

著 者

2014年12月

目 录

第一章 戈壁覆盖层概述

第一节　戈壁成因与类型

一、定义及其分布

戈壁（Gobi）也称戈壁荒漠（Gobi Desert），是沙漠边缘的一种地貌形态，即由粗砂、砾石覆盖在硬土层上形成的一种荒漠地形，主要分布在我国西北地区的平原、低山和丘陵地区。

戈壁一词来自蒙古语，是指地势起伏平缓、地面覆盖大片砾石、气候干旱、植被稀少的荒漠，而蒙古语中沙漠则仅指荒漠、半荒漠和干草原地的沙地。戈壁地区终年少雨或无雨，年降水量一般少于 250mm，且多为阵性降水，越向荒漠中心越少。戈壁地区多晴天，日照时间长，气温、地温的日差和年差均较大。在戈壁地区，风沙活动频繁，地表干燥，裸露，沙砾易被吹扬，易形成沙暴，冬季则更多。但是，荒漠中水源较充足的地区也会出现绿洲，形成独特的生态环境，有利于当地人民的生产和生活。

在我国，戈壁荒漠主要分布在新疆、青海、甘肃、内蒙古和西藏东北部等地，东起大兴安岭西缘，向西延伸至 1600km 之外的新疆地区，形成一个被南面的西藏高原和北面的天山山脉所包围长 1600 多公里、宽 483～966km 的广阔弧形盆地。戈壁的界限北抵阿尔泰山和杭爱山，南至阿尔金山、北山和阴山，总面积约 45.5km^2。

二、形成与类型

戈壁荒漠地区的典型地貌特征是盆山交错，其覆盖层的成因很大程度上受气候和地形、地貌的影响。戈壁的结构和性质与成因有着根本的联系。

根据戈壁成因的不同，戈壁可分为风化的、水成的和风成的 3 种，但主要形成原因是洪水冲积而成。科学家认为，自 200 万年前以来，特别是近几十万年以来的中、晚更新世时期，我国西部地势不断上升，干燥气候区不断扩大。这些地带表面沉积的砂岩、粉砂质泥岩以及砂砾岩等比较疏松的岩体在太阳和风力的作用下，不断被风化剥蚀，而变成大量碎屑物质。这些大小混杂的碎屑物质从山上崩解下来，开始在山脚下堆积。当发洪水时，特别是山区发洪水时，随着出山洪水能量的逐渐减弱，在洪水冲击地区形成特殊的地貌特征：大块的岩石堆积在离山体最近的山口处，岩石向山外依次变小；随后出现的就是从拳头大小到指头大小不一的岩石。由于长年累月日晒、雨淋和大风的剥蚀，这些岩石的棱角都逐渐被磨圆，变成砾石；最终由此形成大面积的冲积—洪积平原。每当干燥季节，在大风作用下，冲积—洪积平原上的碎屑物质中的细砂和尘土被吹到天空中，其中尘土被吹到千里外的地区，形成了黄土高原；而那些细砂则被风携带到附近，形成沙漠。粒径比较大的砾石，则被留在原地而形成戈壁地貌。

根据地表组成物质不同，戈壁可划分为岩漠、砾漠两类。岩漠是指地表岩石裸露或仅有很薄的一层岩石碎屑覆盖的山麓地带，其分布在高山周围及内部山前，一般面积不大。砾漠地表为砾石覆盖，砾石大小不等，是荒漠吹蚀区中的各类沉积物，如山前冲积—洪积平原面上的洪积物、冲积物、冰川、冰水平原上的冰碛物和冰水堆积物以及基岩经强烈风化后的碎屑残积物等，经过强劲的风力作用，细粒砂与粉尘被吹掉而留下粗大的砾石并成片覆盖于地面形成砾漠。

根据形成过程不同，戈壁也可分为剥蚀（侵蚀）和堆积两种类型，往往由山地向两侧谷地或盆地作带状排列。

(一) 剥蚀(侵蚀)类型

剥蚀（侵蚀）类型的戈壁形成过程以剥蚀（侵蚀）作用为主，主要分布于内蒙古高原中西部及其边缘山地，为白垩纪以来连续耸起成陆，其后未经海侵或剧烈地壳运动而长期处于剥蚀作用的地区。地面组成物质较粗，地面起伏稍大，基岩常裸露，砾石堆积层很薄，水土资源贫乏。剥蚀（侵蚀）类型戈壁又可分为以下 2 个亚类。

1. 剥蚀（侵蚀）石质戈壁

剥蚀（侵蚀）石质戈壁呈狭带状分布于马鬃山等内蒙古高原边缘山地及其山前地带，准平原化现象显著，地面几乎全部为戈壁，而戈壁面上基本没有或很少堆积物，因而大部分地方基岩裸露，山地基本削平，仅以零星残丘存在。地面平坦而略有起伏，侵蚀沟广布。常流河缺乏，地下水位埋深 10m 以上。土壤瘠薄，以粗骨质石膏棕色荒漠土和石膏灰棕荒漠土为主，植被极为稀疏，植被覆盖度一般不到1%～5%。

2. 剥蚀（侵蚀）—坡积—洪积粗砾戈壁

剥蚀（侵蚀）—坡积—洪积粗砾戈壁广泛广布于内蒙古高原中西部，在马鬃山、天山等山麓地带也有狭带状分布。地面组成物质以直径2～20cm的粗砾为主，由坡积—洪积作用而成，带棱角、分选作用和磨圆度不佳，一般堆积物厚度不到1m，其下即为削平的基岩。距山地越远，堆积物的颗粒越细，厚度也越大，地面基本平坦，自山地向两侧逐渐倾斜，坡度一般为3°～5°，侵蚀沟发达，但常流河不多，地下水位深达10m以上。土壤瘠薄，以砾质灰棕荒漠土和棕钙土为主，植被覆盖度一般为1%～5%。

（二）堆积类型

堆积类型的戈壁形成过程以堆积作用为主，主要分布于塔里木盆地、准噶尔盆地、柴达木盆地及河西走廊等内陆盆地边缘及山麓地带。这些内陆盆地周边的高大山地（昆仑山、天山、阿尔泰山、祁连山等）经长期剥蚀和侵蚀后，产生大量岩屑碎石，在山麓及盆地边缘堆积，从而为堆积类型戈壁的形成提供了丰富的物质基础。堆积类型戈壁又可分为3个亚类。

1. 坡积—洪积碎石戈壁

坡积—洪积碎石戈壁主要分布于山间盆地的边缘和山麓地带。戈壁分布特点是与石质低山和山间盆地相错综，或广大成片或较为零星。戈壁的地区差异性显著，例如在马鬃山地，戈壁分布于山间盆地的边缘，由强烈剥蚀的古老岩层风化物就近坡积和洪积而成，地面坡度为3°～5°，砾径多为3～10 cm，一般具有明显的漆皮，当地称为“黑戈壁”，土壤多为贫瘠且厚仅50～60cm的石膏棕色荒漠土，植被覆盖度为5%左右，人烟稀少。而在祁连山地则不同，由坡积—洪积形成的戈壁位于海拔2200m以下的山间盆地边缘，组成物质为粗大的砾石和碎石，呈灰色或灰黑色，当地称为“白戈壁”。地面坡度为5°～10°，降水较多，水网较密，植被较好，植被覆盖度一般为20%～30%。

2. 冲积—洪积砾石戈壁

冲积—洪积砾石戈壁分布面积在堆积类型戈壁中最为广阔，其在地貌上相当于山麓扇形地，地面绝大部分是砾石，主要由第四纪冲积、洪积物组成。砾石磨圆度较好，分选较明显。但冲积—洪积砾石戈壁的分布和性质也表现出地区差异。例如，在马鬃山南麓倾斜平原，其砾石戈壁呈东西向的狭带状分布，砾石层厚10～20m，砾径2～10cm，均有棱角和漆皮。而祁连山北麓的扇形地带，其砾石戈壁呈东西向的宽带状分布，砾石层厚100 m左右，砾径2～20cm，磨圆度较好，呈灰色及灰黑色。

3. 洪积—洪积砂戈壁

洪积—洪积砂戈壁多位于山麓冲积扇前缘，或沿现代和古代河床及局部洼地分布，主要散布于绿洲或盐碱滩之中，面积不大，自然条件在各类戈壁中最为良好。例如，疏勒河中、下游的戈壁，主要由河流冲积砂砾组成，水平层次明显，砾石磨圆度好，分选作用显著，砾径1～5cm居多。有河水可供灌溉，地下水位小于5m，细粒土较其他戈壁类型多，土层较厚，植被较茂密。

第二节　戈壁土骨架颗粒组成及其胶结作用

一、土骨架颗粒组成结构

图1-1所示为开挖后戈壁地基断面结构，其特点就是土体颗粒的粒径较大，主要以圆砾、角砾、卵石等碎石为主，并常有砂类及黄土类堆积填充，或呈交互层状及透镜体产出，土粒间胶结效应明显、咬合作用强烈。

图1-1　开挖后戈壁地基断面结构

根据图1-1所示的戈壁地基断面结构特征，可绘制出图1-2所示的戈壁土骨架结构和相互作用示意图，其骨架结构和相互作用可分为3个层次：粗粒（圆砾、角砾、卵石等碎石）、细粒（砂类或黄土类黏性土堆积填充）以及细粒—粗粒间的胶结作用，其中粗粒与细粒之间的胶结作用是影响和控制戈壁土物理力学特性及宏观工程特征的主要因素。土体骨架颗粒微观胶结力通过一定的结合方式累加、积累，形成戈壁土宏观土体力学强度。

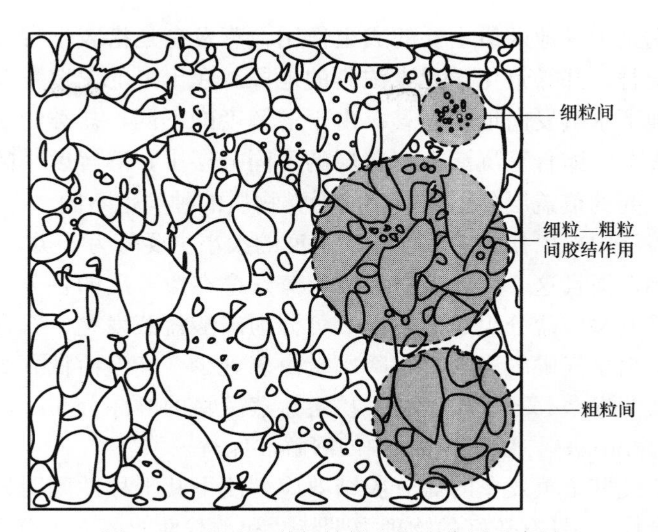

图 1-2　戈壁土骨架结构和相互作用示意图

二、化学蒸发垒及其胶结作用

戈壁覆盖层地基开挖过程常能观察到由易溶盐结晶而形成的胶结块状土体(见图 1-3)，其主要是干旱的戈壁覆盖层中的易溶盐随蒸腾作用而上升的地下水携带迁移而在覆盖层中形成的蒸发垒，这种易溶盐胶结作用是戈壁土体粒间诸多作用力的一种。

图 1-3　戈壁覆盖层盐分结晶形成的胶结块状土体

蒸发作用是干旱地区最主要的成土作用，蒸发垒是指表生带在短距离内迁移条件明显交替，并导致化学元素浓集的地段。在干旱的戈壁荒漠区，盐类物质主要是靠地下水蒸发向地表迁移，由于溶解度的不同，盐类物质在随水迁移的过程中会逐渐浓缩直至沉淀在覆盖层的不同分层中，溶解度小的盐会先沉淀出来，因而不同的覆盖层分层所富集的盐类物质的种类也不同。

戈壁覆盖层中次生盐的种类根据溶解度的大小主要分为3类，即易溶盐类、石膏、碳酸钙，而且这3类次生盐形成的蒸发垒在覆盖层的各分层中沉积程度各不相同。蒸发垒按盐分组成的不同，可分为碳酸盐蒸发垒、石膏蒸发垒和易溶盐蒸发垒。由于气候的影响，在降水量由多到少、气温由低到高的地带，蒸发垒按碳酸盐蒸发垒、石膏蒸发垒、易溶盐蒸发垒的顺序分布。这与土壤中盐分的溶解度大小有关，并与盐在水中的溶解性保持一致。

正是由于戈壁土蒸发垒的盐分胶结效应，使得其工程性质明显不同于一般的“土石混合体”，具有较好的物理力学特性和承载性能。下面简要介绍碳酸盐蒸发垒、石膏蒸发垒和易溶盐蒸发垒。

1. 碳酸盐蒸发垒

由于碳酸钙难溶于水，且碳酸钙运移需要较多的水。因此，碳酸盐蒸发垒多产生于降雨量稍多的干旱区。碳酸盐蒸发垒与戈壁钙积层有较大关联。一般情况下，以碳酸钙为主的碳酸盐蒸发垒多产生于戈壁钙积层。正常钙积干旱土的水分状况多属非淋溶型，但也具有季节性淋溶特点，反映为碳酸钙、易溶性盐的淋溶强度减弱，淀积部位也相应提高。碳酸钙一般出现在2～30cm处，钙积层厚度为20～30cm，发育在砂砾质母质上的钙积层上界可下降到30～40cm，其碳酸钙平均含量为100～400g/kg。碳酸钙的聚积形式多呈粉末状，连续成层分布，也有呈斑块状分布。

2. 石膏蒸发垒

由于石膏微溶于水，在同等条件下比碳酸钙的溶解度要稍大一些。因此，石膏蒸发垒形成环境比碳酸盐蒸发垒更为干旱。钙积层剖面下部石膏聚积通常较少，特别在内蒙古高原戈壁地区未发现石膏的聚积，这主要由于该地区土壤存在较高的总碱度，不能形成石膏聚积。而在鄂尔多斯高原戈壁的剖面下部有少量石膏结晶，通常石膏含量不超过10g/kg。甘肃地区戈壁的钙积层表层石膏含量最低，下层含量高，石膏溶解度比碳酸钙高，淀积部分比碳酸钙深，多出现在50～100m土体内，石膏平均含量为10～20g/kg。

3. 易溶盐蒸发垒

易溶盐蒸发垒主要形成于更为干旱的戈壁地表，因为即使少量的地下水蒸腾作用，也可能把易溶盐带到地表沉积。从易溶性积盐特点看，一般戈壁土含盐量为0.3～10g/kg。易溶盐的成分主要以钠盐为主，硫酸盐在钙积层易溶盐中占有极大的比例，但总碱度普遍偏高，且大多以游离的苏打出现。

第三节　戈壁覆盖层物理力学性质试验

一、试验场地概况

戈壁覆盖层物理力学性质试验场地分别位于新疆和甘肃地区的7个地点，其中新疆地区3个、甘肃地区4个。各试验场地具体地理位置、场地编号、地质概况以及探坑开挖情况分别如下。

1. 新疆乌鲁木齐市达坂城区盐湖附近山脚下750 kV双回路附近（场地编号：XJ－YH）

XJ－YH场地主要为角砾，呈褐、灰青色，湿，中密，颗粒以棱角状为主，砂土充填。碎石土基本呈松散状态，含砂土较多，碎石粒径小，一般在50mm以下。XJ－YH场地探坑及挖出松散碎石土如图1－4所示。

(a)　(b)

图1－4　XJ－YH场地探坑及挖出松散碎石土

(a) 场地探坑；(b) 挖出松散碎石土

2. 新疆乌鲁木齐市达坂城区二十里店750kV双回路附近（场地编号：XJ－ERD）

XJ－ERD场地主要为卵石，呈土黄—灰黄色，中密，充填物以粉土、粗砾砂为主，含漂石。碎石土基本处于干燥状态，黏结性较好，漂石含量大，一般粒径为20～100mm。XJ－ERD场地探坑及挖出松散碎石土如图1－5所示。

图 1-5　XJ-ERD 场地探坑及挖出松散碎石土
(a) 场地探坑；(b) 挖出松散碎石土

3. 新疆乌鲁木齐市野生动物园附近（场地编号：XJ-DWY）

XJ-DWY 场地以卵石为主，混杂角砾与大型漂石，表层 1.5～2m 盐分胶结现象明显，胶结部分碎石土黏结性强度高，一般粒径为 10～200mm。XJ-DWY 场地探坑及坑壁的盐分胶结情况如图 1-6 所示。

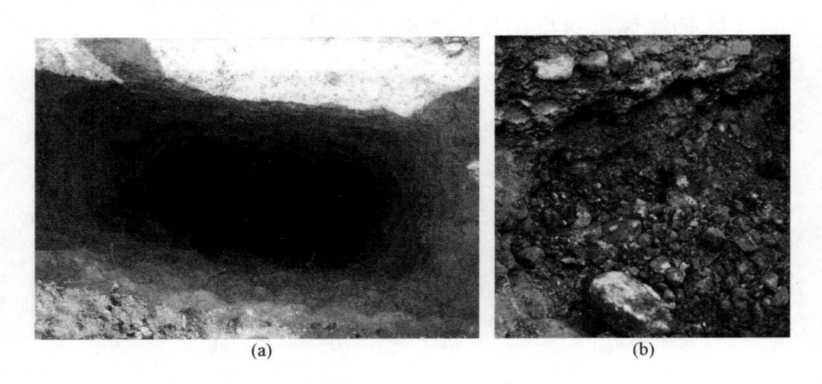

图 1-6　XJ-DWY 场地探坑及坑壁的盐分胶结情况
(a) 场地探坑；(b) 坑壁的盐分胶结情况

4. 甘肃张掖市高台县 330kV 张嘉Ⅰ回线 173 号塔位附近（场地编号：GS-GTX）

GS-GTX 场地属冲积—洪积扇地段，呈单层结构，主要为青灰色，稍密—中密，一般粒径为 20～200mm，充填中粗砂，角砾占 20%～35%，混零星块石和少量黏性土，主要成分为砂岩、花岗岩和变质岩颗粒。GS-GTX 场地概貌及其断面特征如图 1-7 所示。

(a)　　(b)

图 1-7　GS-GTX 场地概貌及其断面特征

(a) 场地概貌；(b) 断面特征

5. 甘肃张掖市山丹县 330kV 金山Ⅰ回线 193 号塔位附近（场地编号：GS-SDX）

GS-SDX 场地属山前冲洪积扇地貌单元，呈两层结构，上覆浅黄褐色状粉土，稍密，稍湿，水平层理明显，粉细砂含量较高，土质均一，厚度一般为 1～2m。下覆青灰色卵石，稍密—中密，一般粒径为 20～200mm，磨圆度较好，水平层理明显。充填中粗砂、圆砾，含量占 20%～35%，混零星漂石和少量黏性土，主要成分为砂岩、花岗岩和变质岩颗粒。GS-SDX 场地概貌如图 1-8 所示。

图 1-8　GS-SDX 场地概貌

6. 甘肃金昌市金川区 750kV 金昌变电站附近（场地编号：GS-JCB）

GS-JCB 场地地层结构主要为第四系冲洪积物。主要划分为 3 个地质层序：①0.2～0.8m 为黄土状粉土，褐黄—灰黄色，稍湿，稍密—中密，孔隙较发育；②0.8～2.0m 为卵石，灰黄色，稍湿，稍密，卵石成分主要为沉积岩（石英砂岩、砂岩、砾岩），变质岩（花岗岩、闪长岩）次之，颗粒抗风化能力较强，表面呈中等风化，一般粒径 20～150mm，混零星漂石，含量不超过总质量的 5%，空隙中主要由中细砂、粗砾砂和不等量的黄土状粉土充填；③2.0m 以下为卵石，呈青灰色，干燥—稍湿，中密—密实，卵石成分主要为沉积岩（砂岩、泥岩、砂砾岩），变质岩（花岗岩、石英岩）次之，呈中等风化，一般粒径 20～150mm，混零星漂石，含量不超过总质量的 5%，骨架颗粒略显水平层理，局部地带骨架颗粒表面分布钙质和氧化铁条纹斑点，3.0～6.0m 之间尤为明显，并呈胶结状，在局部地带的不同深度处还分布有中细砂薄夹层，薄夹层厚度100～300mm，一般以透镜体的形式分布在卵石层中，卵石层空隙中主要由中细砂、粗砾砂、少量圆砾及粉土充填。GS－JCB场地概貌及开挖出的碎石土如图1－9所示。

图1－9　GS－JCB场地概貌及开挖出的碎石土

(a) 场地概貌；(b) 开挖出的碎石土

7. 甘肃酒泉市750kV酒泉变电站附近（场地编号：GS－JQB）

GS－JQB场地地层为单层结构，主要为青灰色卵石，稍密—中密，一般粒径为20～200mm，磨圆度较好，空隙中充填粗砂、圆砾，混零星漂石和少量黏性土，主要成分为砂岩、花岗岩和变质岩颗粒，含量占20%～35%。GS－JQB场地概貌及其断面特征如图1－10所示。

图1－10　GS－JQB场地概貌及其断面特征

(a) 场地概貌；(b) 断面特征

二、试验项目

采用现场和室内试验方法，在上述7个场地分别开展了戈壁覆盖层碎石土粒径级配、天然容重、原位直剪和pH值及易溶盐分析等试验，各场地试验项目如表1－1所示。

表 1-1 各场地试验项目

所在区域	场地编号	物理力学性质试验项目			
		粒径级配	天然容重	原位直剪	pH 值及易溶盐分析
新疆	XJ-YH	√	√	√	×
	XJ-ERD	√	√	√	√
	XJ-DWY	√	√	√	√
甘肃	GS-GTX	×	√	√	×
	GS-SDX	×	√	√	×
	GS-JCB	√	√	√	√
	GS-JQB	×	√	√	×

注 表中"√"表示完成了该项试验；"×"表示未开展该项试验。

三、试验结果与分析

(一) 粒径级配

土体颗粒构成土骨架，对土的物理力学性质起决定作用。总体上看，土骨架结构和相互作用可分为 3 个层次，即粗粒（圆砾、角砾、卵石等碎石）、细粒（砂类或黄土类黏性土堆积填充）以及细粒—粗粒间的胶结作用。研究土体颗粒就需要分析土体颗粒粒径的大小及其在土体中所占的百分比，通常称为土体的粒径级配。

对 XJ-YH、XJ-ERD、XJ-DWY 和 GS-JCB 四个场地戈壁覆盖层碎石土粒径级配进行了试验分析，各试验场地不同取样深度下的碎石土粒径级配累积曲线如图 1-11 所示。

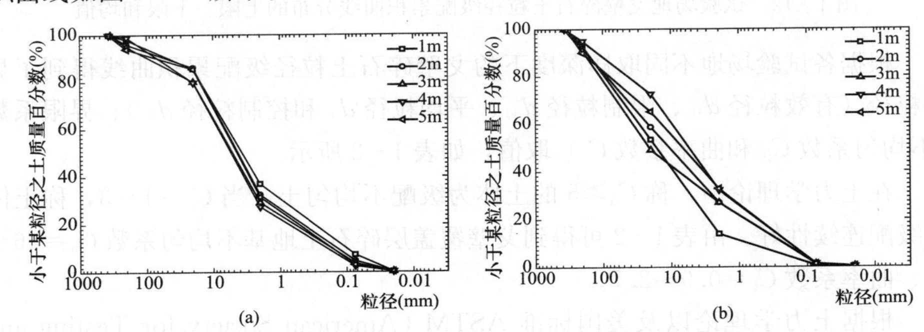

图 1-11 各试验场地不同取样深度下的碎石土粒径级配累积曲线（一）

(a) XJ-YH 场地；(b) XJ-ERD 场地

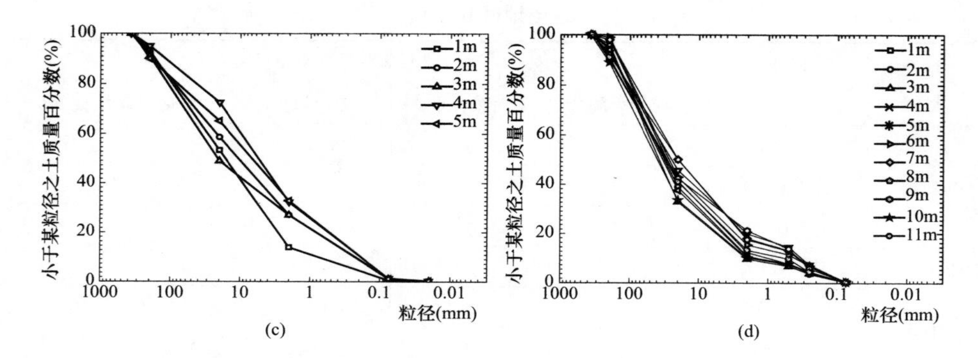

图 1-11　各试验场地不同取样深度下的碎石土粒径级配累积曲线（二）

(c) XJ-DWY 场地；(d) GS-JCB 场地

根据图 1-11 的碎石土粒径级配累积曲线，可以得到图 1-12 所示的试验场地戈壁碎石土粒径级配累积曲线分布的上限、下限和均值。

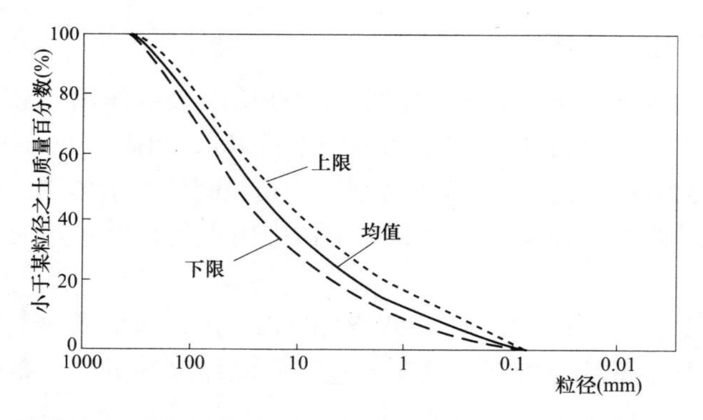

图 1-12　试验场地戈壁碎石土粒径级配累积曲线分布的上限、下限和均值

根据各试验场地不同取样深度下的戈壁碎石土粒径级配累积曲线得到了界限粒径（有效粒径 d_{10}、限制粒径 d_{30}、平均粒径 d_{50} 和控制粒径 d_{60}）、界限系数（不均匀系数 C_u 和曲率系数 C_c）取值，如表 1-2 所示。

在土力学理论中，称 $C_u \geqslant 5$ 的土体为级配不均匀土，当 $C_c = 1 \sim 3$，称土体为级配连续性好。由表 1-2 可得到戈壁覆盖层碎石土地基不均匀系数 $C_u = 46 \sim 82$、曲率系数 $C_c = 0.9 \sim 2.7$。

根据土力学理论以及美国标准 ASTM（American Society for Testing and Materials）D2487 Unified Soil Classification System，戈壁覆盖层碎石土地基可划为 Well-graded gravel (GW)，即为级配不均匀土，但级配连续性好。

表 1-2　　戈壁覆盖层碎石土界限粒径和界限系数试验结果

场地编号	取样深度（m）	界限粒径				界限系数			
		有效粒径 d_{10}（mm）	限制粒径 d_{30}（mm）	平均粒径 d_{50}（mm）	控制粒径 d_{60}（mm）	不均匀系数 C_u		曲率系数 C_c	
						实测值	平均值	实测值	平均值
XJ-YH	1	0.102	0.933	3.697	5.883	57.68	46.92	1.45	2.63
	2	0.138	1.442	4.418	6.614	47.93		2.28	
	3	0.172	2.109	5.104	8.211	47.74		3.15	
	4	0.209	2.662	5.391	8.426	40.32		4.02	
	5	0.168	1.619	4.455	6.875	40.92		2.27	
XJ-ERD	1	0.803	5.029	16.647	29.516	36.76	81.32	1.07	1.05
	2	0.233	2.417	10.724	21.893	93.96		1.15	
	3	0.237	2.925	22.309	36.866	155.55		0.98	
	4	0.197	1.528	5.493	9.818	49.84		1.21	
	5	0.195	1.523	6.908	13.744	70.48		0.87	
XJ-DWY	1	0.147	0.878	3.635	6.529	44.41	54.71	0.80	0.91
	2	0.154	1.003	4.994	10.724	69.64		0.61	
	3	0.202	1.681	5.291	9.032	44.71		1.55	
	4	0.157	1.016	4.993	9.435	60.10		0.70	
GS-JQB	1	0.973	8.211	28.424	43.254	44.45	73.62	1.60	1.85
	2	1.471	9.866	32.467	49.162	33.42		1.35	
	3	2.076	14.836	38.587	55.822	26.89		1.90	
	4	0.322	4.994	24.859	41.652	129.35		1.86	
	5	1.649	10.586	34.391	50.749	30.78		1.34	
	6	0.412	6.779	26.833	41.405	100.50		2.69	
	7	0.341	4.714	20.282	32.467	95.21		2.01	
	8	0.357	4.994	20.525	35.748	100.13		1.95	
	9	0.357	5.191	29.899	46.689	130.78		1.62	
	10	1.972	14.472	40.834	59.838	30.34		1.77	
	11	0.555	7.899	31.483	48.822	87.97		2.30	

（二）天然容重

现场天然容重试验通常可采用灌砂法和灌水法两种。考虑到戈壁覆盖层碎石土粒径较大，对 XJ-YH、XJ-ERD、XJ-DWY、GS-GTX、GS-SDX 和 GS-JCB 共 6 个试验场地采用灌水法测量其天然容重。试验坑口为 400mm×400mm、坑深为 300mm 的方形试坑。用台秤称量开挖出的碎石土，坑内铺设塑料薄膜保水，采用量筒读取灌水体积。图 1-13 所示为现场灌水法天然容重试验的主要过程。

图 1-13　现场灌水法天然容重试验的主要过程

(a) 开挖试坑；(b) 用台秤称量土体质量；

(c) 用量筒测量灌水体积；(d) 坑内铺设塑料薄膜保水

新疆地区和甘肃地区各试验场地戈壁土天然容重实测值分别如表 1-3 和表 1-4所示。测定结果表明，戈壁覆盖层碎石土天然容重随场地及地层深度变化而存在一定的差异性，其分布范围为 17.0～22.0kN/m³。

表 1-3　新疆地区各试验场地戈壁土天然容重实测值

场地编号	坑口深度 (m)	试验编号	天然容重 (kN/m³)		
			实测值	土层平均值	场地平均值
XJ-YH	0	Ⅰ-11	17.65	17.18	17.8
		Ⅰ-12	16.95		
		Ⅰ-13	16.93		
	0.5	Ⅰ-21	19.76	18.48	
		Ⅰ-22	16.84		
		Ⅰ-23	18.83		
	1.0	Ⅰ-31	18.09	17.60	
		Ⅰ-32	17.51		
		Ⅰ-33	17.19		

续表

场地编号	坑口深度(m)	试验编号	天然容重(kN/m³)		
			实测值	土层平均值	场地平均值
XJ-ERD	0	Ⅱ-11	23.37	22.34	20.9
		Ⅱ-12	22.29		
		Ⅱ-13	21.37		
	1.0	Ⅱ-21	21.99	21.88	
		Ⅱ-22	22.29		
		Ⅱ-23	21.37		
	1.5	Ⅱ-31	20.15	19.64	
		Ⅱ-32	18.51		
		Ⅱ-33	20.26		
XJ-DWY	0	Ⅲ-11	20.79	21.2	21.1
		Ⅲ-12	21.66		
		Ⅲ-13	20.75		
	1.0	Ⅲ-21	19.57	20.08	
		Ⅲ-22	22.59		
		Ⅲ-23	18.08		
	1.5	Ⅲ-31	22.19	22.00	
		Ⅲ-32	22.25		
		Ⅲ-33	21.58		

表 1-4　甘肃地区各试验场地戈壁土天然容重实测值

场地编号	坑口深度(m)	试验编号	天然容重(kN/m³)		
			实测值	土层平均值	场地平均值
GS-GTX	0	Ⅰ-11	20.9	20.2	20.1
		Ⅰ-12	19.6		
		Ⅰ-13	20.1		
	0.4	Ⅰ-21	19.0	19.5	
		Ⅰ-22	18.3		
		Ⅰ-23	21.1		
	1.3	Ⅰ-31	20.1	20.5	
		Ⅰ-32	21.1		
		Ⅰ-33	20.4		

续表

场地编号	坑口深度(m)	试验编号	天然容重(kN/m³)		
			实测值	土层平均值	场地平均值
GS-SDX	0	Ⅱ-11	19.8	19.9	21.0
		Ⅱ-12	19.3		
		Ⅱ-13	20.1		
	1.0	Ⅱ-21	21.2	21.4	
		Ⅱ-22	18.9		
		Ⅱ-23	24.2		
	1.5	Ⅱ-31	22.8	21.6	
		Ⅱ-32	19.9		
		Ⅱ-33	22.1		
GS-JCB	0	Ⅲ-11	21.0	20.2	21.4
		Ⅲ-12	20.8		
		Ⅲ-13	18.8		
	0.4	Ⅲ-21	18.2	21.4	
		Ⅲ-22	23.0		
		Ⅲ-23	22.9		
	1.3	Ⅲ-31	23.5	22.7	
		Ⅲ-32	22.1		
		Ⅲ-33	22.4		

注 GS-JQB试验场地未开展现场原位天然容重试验，根据中国电力顾问集团公司西北电力设计院提供的《750kV酒泉变电站工程可行性研究报告—第1卷 岩土工程勘察报告》，该场地天然容重为19.0～21.0kN/m³。

(三)原位直剪试验

地基抗剪强度是基础设计的重要参数，但实际工程中通常将戈壁覆盖层碎石土划分为一般类型的碎石土，认为其在荷载作用下只有内摩擦角，不存在黏聚强度，一般不考虑其黏聚力，即抗剪强度参数中黏聚强度 $c=0$。而在西部电网工程建设中，若忽略戈壁覆盖层碎石土抗剪强度特性，则不能充分利用其承载性能和潜力，必将会增加工程造价。

1. 试验方法

现场原位直剪试验采用平推法，其原理和装置如图1-14所示。首先按试样尺寸开挖出正方形试验土体，用直剪试验盒固定土体试样，直剪盒钢板壁与试验土体间充填级配良好的砂卵石使其密实。试验时，垂直荷载由预制混凝土块提供，人工用螺旋千斤顶施加水平推剪荷载，由压力传感器显示荷载值。加载过程中，通过试验前在水平加载方向对侧土体直剪盒上布置 2 只精度为 0.01mm 电子位移传感器量测土体水平剪切位移。位移传感器基座固定于不受试验影响的基准梁。

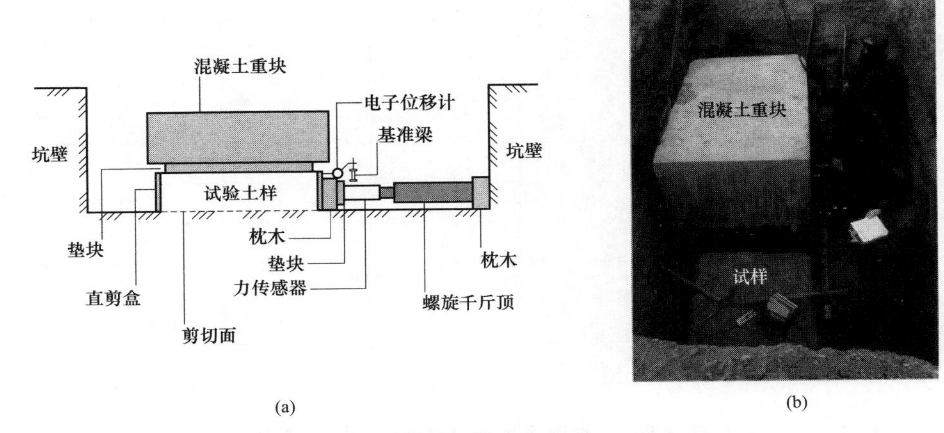

图 1-14 现场原位直剪试验平推法原理和装置

(a) 试验原理；(b) 试验装置实景图

2. 试验取样

直剪试验均按不同深度分层进行，每层 1～2 组，每组试验土体样本量不少于 3 个。试验土体剪切面为 1.1m×1.1m，高度为 0.4～0.6m。原位直剪试验土样如图 1-15 所示。新疆地区和甘肃地区各试验场地原位直剪试验取样情况如表 1-5 和表 1-6 所示，共 21 组 76 个试验样本。

图 1-15 原位直剪试验土样

表 1-5　　新疆地区各试验场地原位直剪试验取样情况

场地编号	试验组号	试样组数	试样个数	剪切面深度 (m)	试样规格（长×宽×高）(m × m × m)
XJ-YH	Ⅰ-1	1	3	−0.6	1.1×1.1×0.6
	Ⅰ-2	2	6	−1.2	1.1×1.1×0.6
	Ⅰ-3	1	3	−1.8	1.1×1.1×0.6
	Ⅰ-4	2	6	−2.2	1.1×1.1×0.4
XJ-ERD	Ⅱ-1	2	6	−0.5	1.1×1.1×0.5
	Ⅱ-2	2	7	−1.0	1.1×1.1×0.5
	Ⅱ-3	1	3	−1.5	1.1×1.1×0.5
	Ⅱ-4	1	3	−2.0	1.1×1.1×0.5
XJ-DWY	Ⅲ-1	1	3	−0.5	1.1×1.1×0.5
	Ⅲ-2	1	3	−1.0	1.1×1.1×0.5
	Ⅲ-3	1	3	−1.5	1.1×1.1×0.5
	Ⅲ-4	1	3	−2.0	1.1×1.1×0.5

表 1-6　　甘肃地区各试验场地原位直剪试验取样情况

场地编号	试验组号	试样组数	试样个数	剪切面深度 (m)	试样规格（长×宽×高）(m × m × m)
GS-GTX	Ⅰ-1	1	3	−0.5	1.1×1.1×0.5
	Ⅰ-2	1	3	−0.9	1.1×1.1×0.4
	Ⅰ-3	1	3	−1.4	1.1×1.1×0.4
GS-SDX	Ⅱ-1	1	3	−1.0	1.1×1.1×0.4
	Ⅱ-2	1	3	−1.0	1.1×1.1×0.4
	Ⅱ-3	1	3	−1.4	1.1×1.1×0.4
GS-JCB	Ⅲ-1	1	3	−0.4	1.1×1.1×0.4
	Ⅲ-2	1	3	−0.6	1.1×1.1×0.6
	Ⅲ-3	1	3	−1.0	1.1×1.1×0.4

3. 剪切应力—剪切位移关系曲线

根据式（1-1）和式（1-2）分别计算试验土体剪切面上的正应力和剪应力

$$\tau = F_h / A_s \qquad (1-1)$$

$$\sigma = F_v / A_s \qquad (1-2)$$

式中 τ——作用于剪切面上的剪切应力，kPa；

F_h——剪切面水平推剪荷载，kN；

σ——作用于剪切面上的正应力，kPa；

F_v——剪切面垂直压荷载，由混凝土块和试验土样的自重组成，kN；

A_s——试验土样剪切面面积，m^2。

根据试验成果绘制的各试验场地剪切应力 τ—剪切位移 δ 关系曲线如表 1-7～表 1-12 所示。戈壁覆盖层碎石土剪切应力随剪切位移变化的承载过程可分为图 1-16 所示的 3 个阶段：①弹性变形阶段（OA 段），土体剪切位移随剪切应力增加近似呈线性增长，A 点为弹性极限；②弹塑性至峰值强度阶段（AB 段），剪切位移与剪切应力变化呈非线性关系，每级荷载作用下剪切位移显著增大，直至 B 点土体剪切强度极限峰值 τ_f；③强度软化至残余强度阶段（BC 段），剪切面上土团粒和颗粒产生定向排列，至 C 点达到相应垂直压力下的最佳定向，土体强度由峰值强度 τ_f 下降至残余强度 τ_r，CD 段后强度不再降低。

表 1-7　XJ-YH 场地现场直剪试验结果

组号	样本号	τ—δ 曲线	σ（kPa）	τ_f（kPa）	c（kPa）	φ（°）
Ⅰ-1	Ⅰ-11	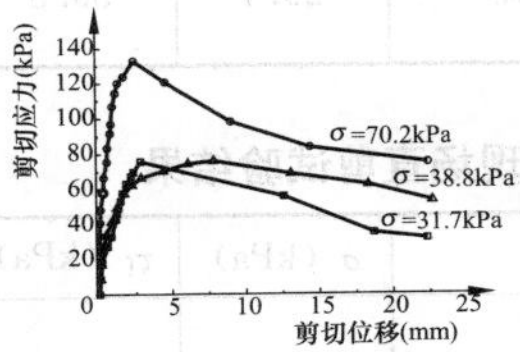	31.7	75.9	20.8	57.6
	Ⅰ-12		70.2	132.9		
	Ⅰ-13		38.8	76.1		
Ⅰ-2	Ⅰ-2-11	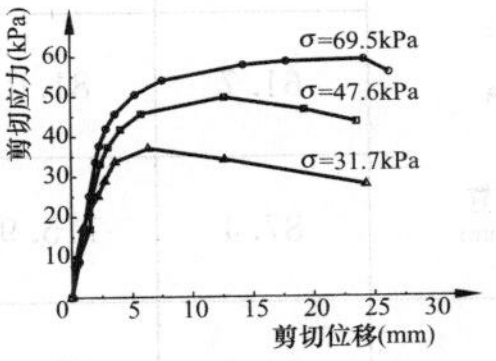	47.6	49.7	20.1	29.8
	Ⅰ-2-12		69.5	59.1		
	Ⅰ-2-13		31.7	37.0		
	Ⅰ-2-21	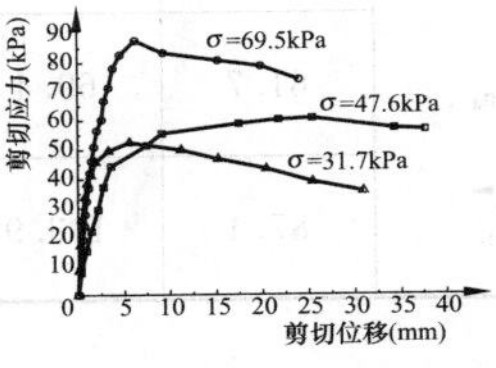	69.5	87.6	19.9	43.5
	Ⅰ-2-22		47.6	60.7		
	Ⅰ-2-23		31.7	52.5		

续表

组号	样本号	τ—δ 曲线	σ（kPa）	τ_f（kPa）	c（kPa）	φ（°）
Ⅰ-3	Ⅰ-31	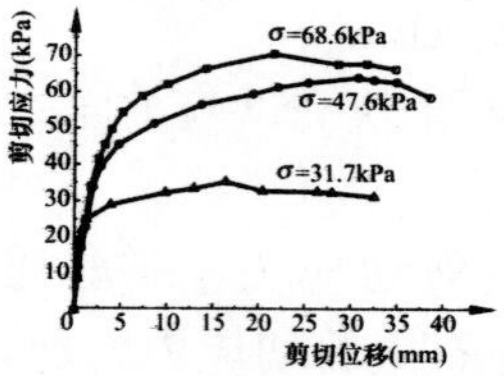 σ=68.6kPa σ=47.6kPa σ=31.7kPa 剪切应力(kPa) 0 10 20 30 40 50 60 70 剪切位移(mm) 0 5 10 15 20 25 30 35 40	68.6	70.5	11.3	42.6
	Ⅰ-32		47.6	64.0		
	Ⅰ-33		31.7	35.3		
Ⅰ-4	Ⅰ-4-11	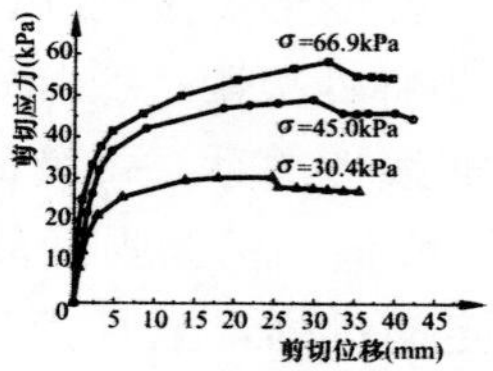 σ=66.9kPa σ=45.0kPa σ=30.4kPa 剪切应力(kPa) 0 10 20 30 40 50 60 剪切位移(mm) 0 5 10 15 20 25 30 35 40 45	66.9	58.3	11.1	36.4
	Ⅰ-4-12		45.0	49.2		
	Ⅰ-4-13		30.4	30.4		
Ⅰ-4	Ⅰ-4-21	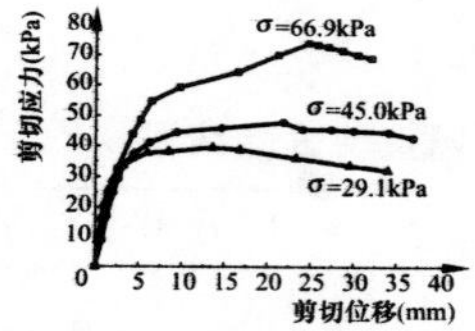 σ=66.9kPa σ=45.0kPa σ=29.1kPa 剪切应力(kPa) 10 20 30 40 50 60 70 80 剪切位移(mm) 0 5 10 15 20 25 30 35 40	66.9	73.9	10.2	42.9
	Ⅰ-4-22		45.0	47.8		
	Ⅰ-4-23		29.1	39.5		

表 1-8　XJ-ERD 场地现场直剪试验结果

组号	样本号	τ—δ 曲线	σ（kPa）	τ_f（kPa）	c（kPa）	φ（°）
Ⅱ-1	Ⅱ-1-11	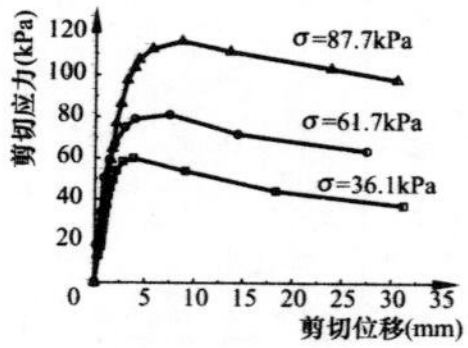 σ=87.7kPa σ=61.7kPa σ=36.1kPa 剪切应力(kPa) 0 20 40 60 80 100 120 剪切位移(mm) 0 5 10 15 20 25 30 35	36.1	60.0	18.3	47.5
	Ⅱ-1-12		61.7	81.0		
	Ⅱ-1-13		87.4	115.9		
	Ⅱ-1-21	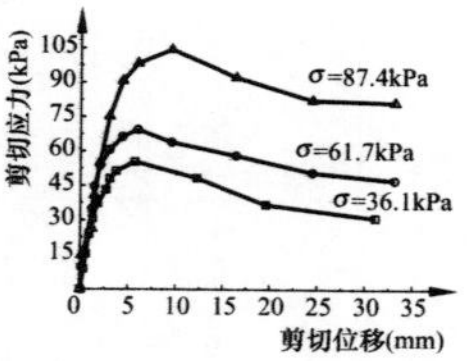 σ=87.4kPa σ=61.7kPa σ=36.1kPa 剪切应力(kPa) 15 30 45 60 75 90 105 剪切位移(mm) 0 5 10 15 20 25 30 35	36.1	55.4	17.8	43.4
	Ⅱ-1-22		61.7	69.4		
	Ⅱ-1-23		87.4	103.9		

续表

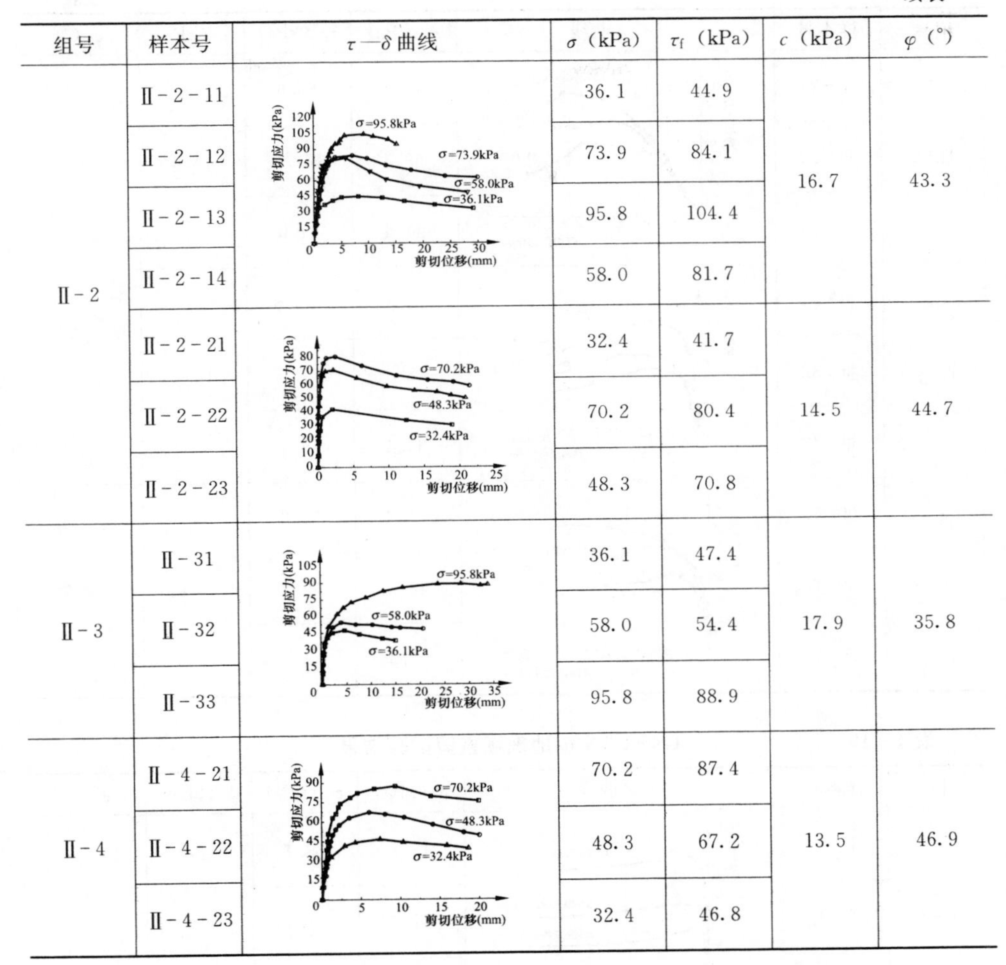

组号	样本号	$\tau-\delta$ 曲线	σ（kPa）	τ_f（kPa）	c（kPa）	φ（°）
Ⅱ-2	Ⅱ-2-11		36.1	44.9	16.7	43.3
	Ⅱ-2-12		73.9	84.1		
	Ⅱ-2-13		95.8	104.4		
	Ⅱ-2-14		58.0	81.7		
	Ⅱ-2-21		32.4	41.7	14.5	44.7
	Ⅱ-2-22		70.2	80.4		
	Ⅱ-2-23		48.3	70.8		
Ⅱ-3	Ⅱ-31		36.1	47.4	17.9	35.8
	Ⅱ-32		58.0	54.4		
	Ⅱ-33		95.8	88.9		
Ⅱ-4	Ⅱ-4-21		70.2	87.4	13.5	46.9
	Ⅱ-4-22		48.3	67.2		
	Ⅱ-4-23		32.4	46.8		

表 1-9　　GS-JCB 场地现场直剪试验结果

组号	样本号	$\tau-\delta$ 曲线	σ（kPa）	τ_f（kPa）	c（kPa）	φ（°）
Ⅲ-1	Ⅲ-11	剪切应力(kPa)–剪切位移(mm)：σ=71.2kPa，σ=48.3kPa，σ=33.5kPa	48.3	45.2	14.6	27.9
	Ⅲ-12		71.2	50.4		
	Ⅲ-13		33.5	29.3		

续表

组号	样本号	$\tau-\delta$ 曲线	σ（kPa）	τ_f（kPa）	c（kPa）	φ（°）
	Ⅲ-21	剪切应力(kPa) 105 90 75 60 45 30 15 0; σ=69.5kPa; σ=47.2kPa; σ=31.4kPa	47.2	80.6		
Ⅲ-2	Ⅲ-22	5 10 15 20 25 30 35	69.5	102.2	28.4	46.9
	Ⅲ-23	剪切位移(mm)	31.4	61.0		
	Ⅲ-31	剪切应力(kPa) 120 100 80 60 40 20 0; σ=70.2kPa; σ=48.3kPa; σ=32.4kPa	70.2	103.8		
Ⅲ-3	Ⅲ-32	5 10 15 20 25 30 35	48.3	71.5	16.5	50.7
	Ⅲ-33	剪切位移(mm)	32.4	58.4		
	Ⅲ-41	剪切应力(kPa) 80 70 60 50 40 30 20 10 0; σ=70.2kPa; σ=48.3kPa; σ=32.4kPa	70.2	72.6		
Ⅲ-3	Ⅲ-42	5 10 15 20 25 30 35 40 45	48.3	59.8	21.0	36.9
	Ⅲ-43	剪切位移(mm)	32.4	43.8		

表 1-10　　GS-GTX 场地现场直剪试验结果

组号	样本号	$\tau-\delta$ 曲线	σ（kPa）	τ_f（kPa）	c（kPa）	φ（°）
	Ⅰ-11	剪切应力(kPa) 80 70 60 50 40 30 20 10 0; σ=84.5kPa; σ=49.1kPa; σ=26.2kPa	18.2	29.1		
Ⅰ-1	Ⅰ-12	5 10 15 20 25 30	51.1	62.1	9.3	45.6
	Ⅰ-13	剪切位移(mm)	28.2	36.4		
	Ⅰ-21	剪切应力(kPa) 80 70 60 50 40 30 20 10 0; σ=84.5kPa; σ=49.1kPa; σ=26.2kPa	26.2	26.4		
Ⅰ-2	Ⅰ-22	5 10 15 20 25 30 35 40	84.5	77.2	7.9	40.3
	Ⅰ-23	剪切位移(mm)	49.1	55.6		

续表

组号	样本号	τ—δ曲线	σ (kPa)	τ_f (kPa)	c (kPa)	φ (°)
Ⅰ-3	Ⅰ-31	剪切应力(kPa) 剪切位移(mm) σ=84.5kPa σ=49.1kPa σ=26.2kPa	84.5	78.8	10.4	38.4
	Ⅰ-32		49.1	46.4		
	Ⅰ-33		26.2	33.1		

表 1-11　GS-SDX 场地现场直剪试验结果

组号	样本号	τ—δ曲线	σ (kPa)	τ_f (kPa)	c (kPa)	φ (°)
Ⅱ-1	Ⅱ-11	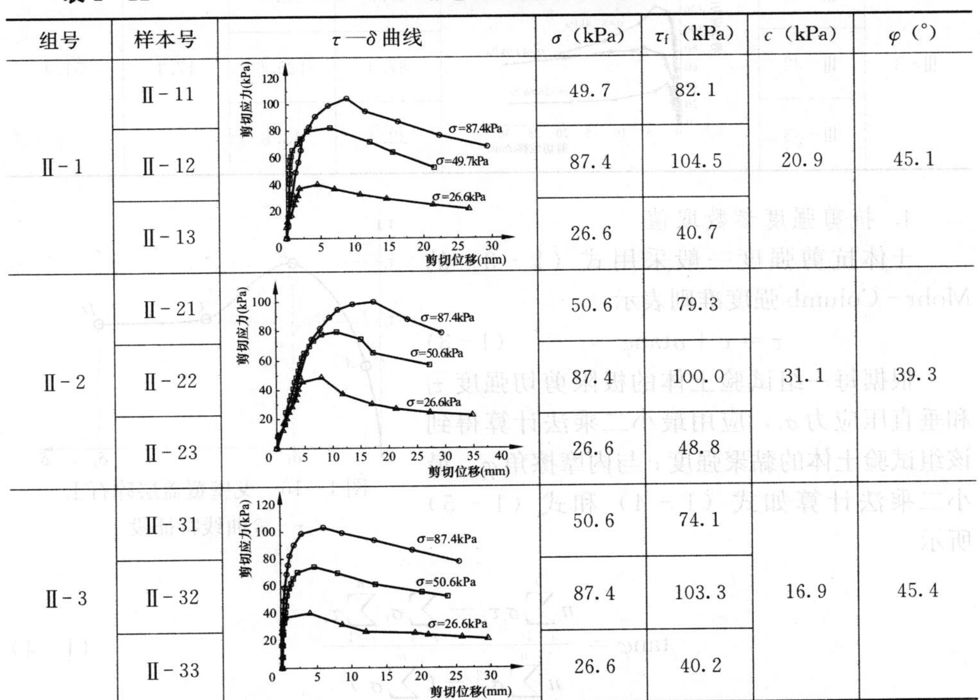	49.7	82.1	20.9	45.1
	Ⅱ-12		87.4	104.5		
	Ⅱ-13		26.6	40.7		
Ⅱ-2	Ⅱ-21		50.6	79.3	31.1	39.3
	Ⅱ-22		87.4	100.0		
	Ⅱ-23		26.6	48.8		
Ⅱ-3	Ⅱ-31		50.6	74.1	16.9	45.4
	Ⅱ-32		87.4	103.3		
	Ⅱ-33		26.6	40.2		

表 1-12　GS-JCB 场地现场直剪试验结果

组号	样本号	τ—δ曲线	σ (kPa)	τ_f (kPa)	c (kPa)	φ (°)
Ⅲ-1	Ⅲ-11	剪切应力(kPa) 剪切位移(mm) σ=87.4kPa σ=49.9kPa σ=26.6kPa	26.6	43.8	12.5	47.4
	Ⅲ-12		49.9	63.1		
	Ⅲ-13		87.4	109.1		

续表

组号	样本号	τ—δ 曲线	σ（kPa）	τ_f（kPa）	c（kPa）	φ（°）
Ⅲ-2	Ⅲ-21		22.4	28.0	14.4	33.9
	Ⅲ-22		30.8	36.0		
	Ⅲ-23		12.6	23.6		
Ⅲ-3	Ⅲ-31		49.9	82.0	17.1	51.4
	Ⅲ-32		87.4	125.6		
	Ⅲ-33		22.4	43.8		

4. 抗剪强度参数取值

土体抗剪强度一般采用式（1-3）的Mohr-Columb强度准则表示

$$\tau = c + \sigma\tan\varphi \tag{1-3}$$

根据每一组试验土体的极限剪切强度 τ_i 和垂直压应力 σ_i，应用最小二乘法计算得到该组试验土体的黏聚强度 c 与内摩擦角 φ，最小二乘法计算如式（1-4）和式（1-5）所示

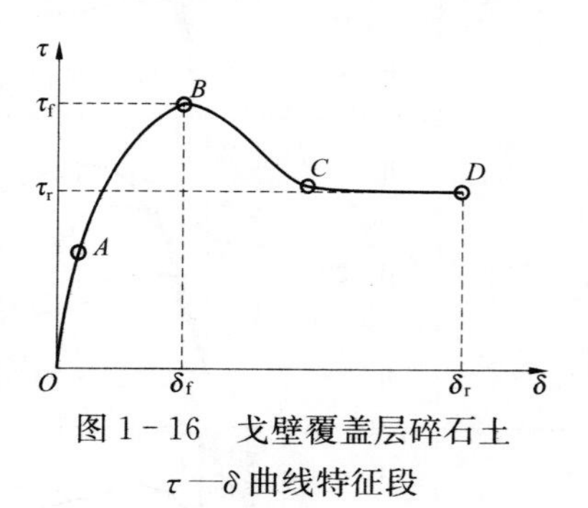

图1-16　戈壁覆盖层碎石土 τ—δ 曲线特征段

$$\tan\varphi = \frac{n\sum_{i=1}^{n}\sigma_i\tau_i - \sum_{i=1}^{n}\sigma_i\sum_{i=1}^{n}\tau_i}{n\sum_{i=1}^{n}\sigma_i^2 - (\sum_{i=1}^{n}\sigma_i)^2} \tag{1-4}$$

$$c = \frac{\sum_{i=1}^{n}\sigma_i^2\sum_{i=1}^{n}n\tau_i - \sum_{i=1}^{n}\sigma_i\sum_{i=1}^{n}\sigma_i\tau_i}{n\sum_{i=1}^{n}\sigma_i^2 - (\sum_{i=1}^{n}\sigma_i)^2} \tag{1-5}$$

式中　n——每一组试验土体样本个数。

各场地试验土体的黏聚强度 c 与内摩擦角 φ 如表1-7～表1-12所示。此外，GS-JQB试验场地未能完整地开展不同正应力条件下的现场原位直剪试验，根据中国电力顾问集团公司西北电力设计院提供的《750kV酒泉变电站工程可

行性研究报告　第1卷　岩土工程勘察报告》，该场地天然容重内摩擦角 φ 取值为 40°，未提供该场地土体黏聚强度参数试验值。为此，在 GS－JQB 场地进行了 3 个尺寸规格为 0.8m×0.8m×0.5m 的土体原位直剪试验，其垂直应力为 0。原位直剪试样及其剪切应力—剪切位移关系曲线如图 1－17 所示，据此得到该场地黏聚强度 c＝21.7kPa。

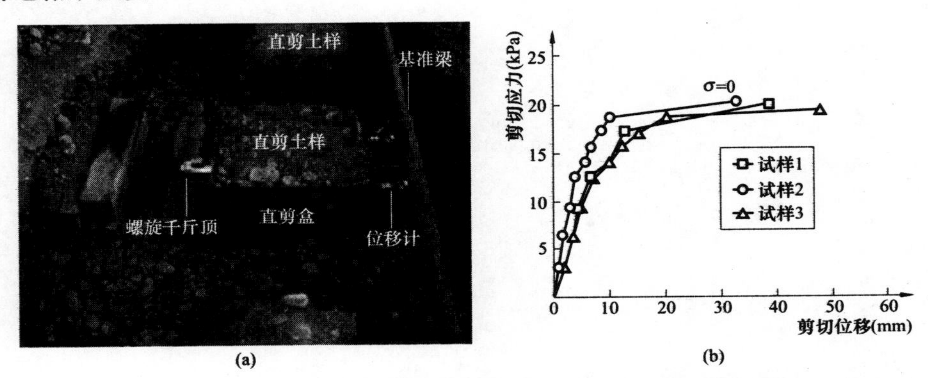

图 1－17　GS－JQB 试验场地原位直剪试样及其剪切应力—剪切位移关系曲线
（a）直剪试样；（b）剪切应力—剪切位移关系曲线

根据表 1－7～表 1－12 所示的各试验场地抗剪强度参数进行统计分析，戈壁地基抗剪强度参数的均值、标准差和变异系数统计分析结果如表 1－13 所示，戈壁碎石土黏聚强度 c 和内摩擦角 φ 的均值随变异系数的变化规律如图 1－18 所示，其中 μ 为样本均值，σ 为标准差，δ 为变异系数。

表 1－13　壁地基抗剪强度参数的均值、标准差和变异系数统计分析结果

试验地点	黏聚强度			内摩擦角		
	μ_c（kPa）	σ_c（kPa）	δ_c（无量纲）	μ_φ（°）	σ_φ（°）	δ_φ（无量纲）
XJ－YH	15.6	5.171	0.332	42.1	9.240	0.219
XJ－ERD	16.5	1.996	0.121	43.6	4.202	0.096
XJ－DWY	20.1	6.135	0.305	40.6	10.274	0.253
GS－GTX	10.5	1.201	0.120	41.4	3.731	0.003
GS－SDX	23.0	7.322	0.319	43.3	3.439	0.079
GS－JCB	14.7	2.312	0.158	44.2	9.170	0.207
GS－JQB	21.7	—	—	40.0	—	—

结果表明，戈壁覆盖层黏聚强度和内摩擦角随场地不同而有所变化。黏聚强度标准差和变异系数的变化范围分别为 1.2～7.3kPa 和 0.12～0.33，且随黏

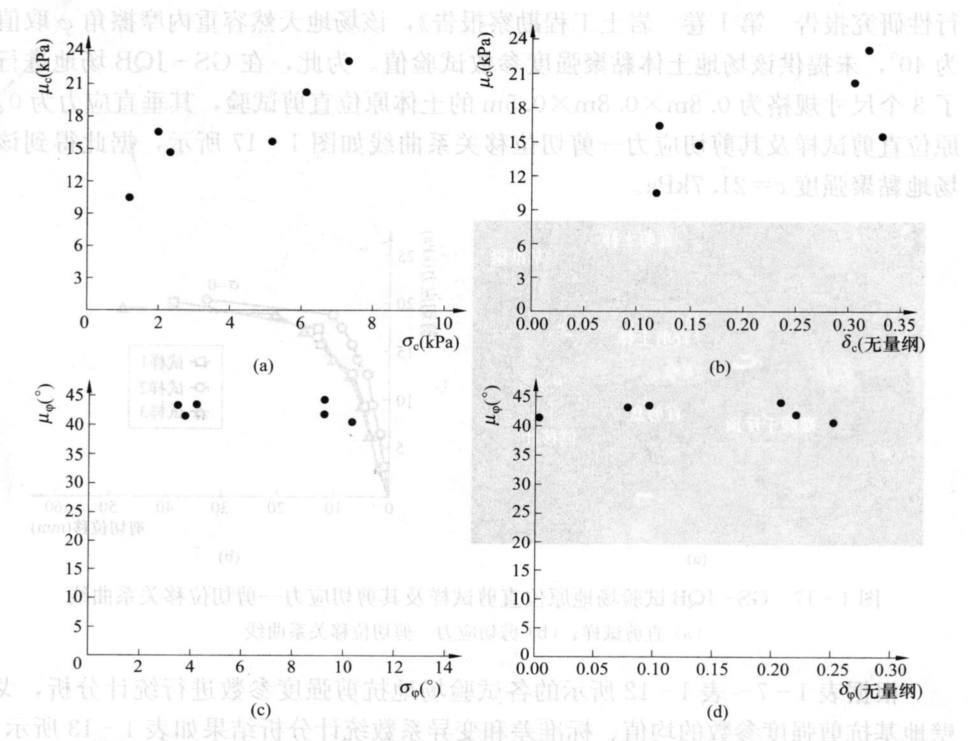

图 1-18　戈壁碎石土黏聚强度 c 和内摩擦角 φ 的均值随变异系数的变化规律

(a) $\mu_c-\sigma_c$ 关系散点图；(b) $\mu_c-\delta_c$ 关系散点图；(c) $\mu_\varphi-\sigma_\varphi$关系散点图；(d) $\mu_\varphi-\delta_\varphi$关系散点图

聚强度平均值增大而呈现出增大的趋势。内摩擦角标准差和变异系数范围分别为 3.4°～10.3°和 0.003～0.253。

（四）土壤酸碱度及易溶盐

对 XJ-ERD、XJ-DWY 和 GS-JQB 共 3 个试验场地进行了土壤酸碱度及易溶盐测试分析，试验结果如表 1-14 所示。

结果表明，不同场地不同埋深的戈壁碎石土地基 pH 值在 7.8～8.5 之间，易溶盐总量含量为 0.05%～0.50%。已有土体盐分胶结研究表明，随着土体中易溶盐浓度的增加和水分的蒸发，土体中盐分胶结作用明显，这种胶结作用一般发生在土骨架颗粒之间的接触点和接触面上，而当盐分浓度达到一定程度时，盐分胶结作用既发生在土颗粒接触面上，也发生在土体孔隙之间。因此，戈壁碎石土盐分胶结作用，使其骨架颗粒间呈点与点接触，或者主要通过黏粒、黏土矿物、易溶盐组成的胶结物而连接在一起。

表 1-14　　XJ-ERD、XJ-DWY 和 GS-JQB 试验场地戈壁覆盖层土壤酸碱度及易溶盐测试结果

场地编号	编号	深度（m）	pH 值	CO_3^{2-} (mg/kg)	HCO_3^- (mg/kg)	Cl^- (mg/kg)	SO_4^{2-} (mg/kg)	Ca^{2+} (mg/kg)	Mg^{2+} (mg/kg)	$K^+ + Na^+$ (mg/kg)	易溶盐总量	
											(mg/kg)	(%)
XJ-ERD	2-1	2.0～2.1	8.03	19	215	178	237	55	28.5	192	925	0.09
	2-2	2.0～2.1	8.23	15	200	159	412	67.5	39	223	1116	0.11
	2-3	2.0～2.1	8.15	12	241	184	499	65	43.5	291	1336	0.13
	2-4	2.0～2.1	8.17	23	227	168	449	45	45	271	1228	0.12
XJ-DWY	3-1	2.0～2.1	7.85	13	200	1142	936	155	75	942	3462	0.35
	3-2	2.0～2.1	7.81	9	241	1338	1211	182.5	39	1253	4274	0.43
	3-3	2.0～2.1	7.89	27	206	838	1248	255	16.5	894	3485	0.35
	3-4	2.0～2.1	7.82	13	321	499	474	65	72	459	1904	0.19
	3-5	2.0～2.1	7.87	18	200	312	986	92.5	19.5	606	2235	0.22
GS-JQB	1-1	0.5～0.6	8.35	32	254	19	154	76	19	82	636	0.06
	1-2	1.5～1.6	8.43	30	241	18	99	51	13	90	542	0.05
	1-3	3.5～3.6	8.4	30	242	18	284	61	13	167	815	0.08
	2-1	2.0～2.1	8.13	15	196	315	613	61	12	490	1702	0.17
	2-2	5.0～5.1	7.81	0	211	176	429	61	19	293	1189	0.12
	2-3	8.0～8.1	8.44	30	181	18	99	31	12	91	462	0.05
	3-1	0.5～0.6	8.08	16	191	19	763	270	33	90	1382	0.14
	3-2	1.0～1.1	8.09	15	182	54	669	206	57	92	1275	0.13
	3-3	3.0～3.1	8.23	15	183	18	125	42	12	81	476	0.05
	3-4	4.5～4.6	8.21	15	182	18	124	42	12	80	473	0.05
	3-5	6.0～6.1	8.4	30	181	18	147	61	12	80	529	0.05

第二章 戈壁掏挖基础抗拔现场试验

第一节 试验基础设计与施工

一、掏挖基础类型

天然戈壁原状土地基胶结性强，具有较好的抗剪强度。但当其被开挖扰动后，原有的胶结性能就会完全丧失。过去，我国戈壁地区输电线路建设中，杆塔基础多采用开挖回填式的钢筋混凝土板式基础，这存在两个方面问题，一是不能充分利用原状戈壁土良好的胶结性能及其抗剪强度，二是开挖与回填施工土石方量大，且回填土体质量难以控制，地表脆弱的植被环境容易被严重破坏。

为充分利用戈壁原状土的胶结性能和抗剪强度，掏挖基础将是戈壁地区输电线路工程的首选。掏挖基础是指以混凝土和钢筋骨架灌注于机械或人工掏挖成型的原状土胎内的钢筋混凝土基础，这既充分利用了原状土的承载能力，又避免了施工过程开挖扰动对环境的破坏，具有较好的经济和环保效益。

当前，我国戈壁地区输电线路工程中广泛采用的是掏挖扩底基础［见图2－1（a)］，但实际工程中发现，掏挖基础扩底部分是施工过程中的危险部位，同时明显增加了基础混凝土量。为此，提出了在戈壁原状土中采用掏挖直柱基础型式［见图2－1（b)］。图2－1中 H 为埋深，m；h_t 为抗拔深度，$h_t=H-t$，m；D 为底板直径，m；d 为立柱直径，m；e 为立柱露出地面高度，m；t 为扩大端圆台高度，m；m 为扩底高度，m；θ 为基底扩展角，(°)。

二、试验基础设计

1. 掏挖扩底基础

掏挖扩底基础上拔承载性能受多种因素影响，如场地地质条件、基础结构

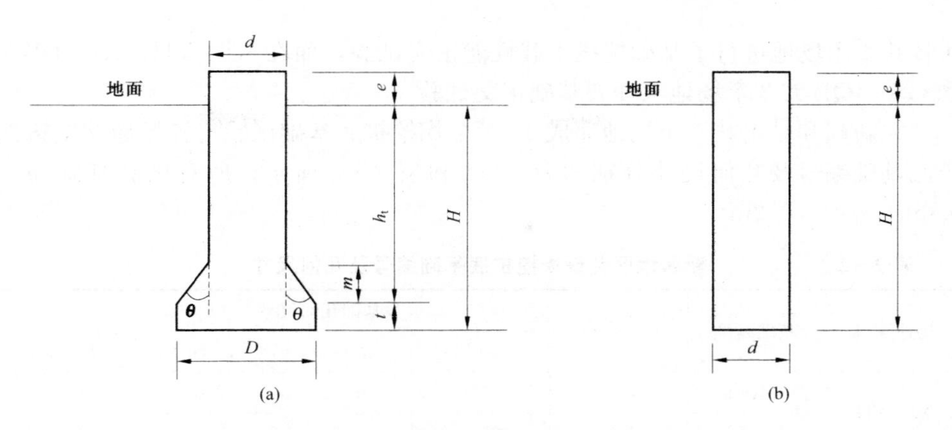

图 2-1　戈壁地区输电线路掏挖基础型式
(a) 掏挖扩底基础；(b) 掏挖直柱基础

尺寸参数等影响。在场地地质条件给定的情况下，掏挖基础几何尺寸参数是影响基础上拔承载性能的主要因素。通常定义基础抗拔深度 h_t 与底板直径 D 的比值为深径比，记为 λ，即 $\lambda=h_t/D=(H-t)/D$。

为综合分析基础结构尺寸对掏挖基础上拔承载力影响规律，分别选取深径比 λ、基底扩展角 θ 和立柱直径 d 三个因素，每因素取三个试验水平，若按照全面试验方法，需做 $3^3=27$ 次试验，才能覆盖全部组合条件，而选用正交试验设计，可选择代表性强的试验找到最优或较优的方案。

正交试验设计方法是利用正交表研究由多种因素决定某特定指标规律的一种数理统计法，其能通过较少试验次数，找到所研究对象的特定规律。正交试验设计的关键是试验指标、因素及因素水平的选取。

根据图 2-1 (a) 确定掏挖扩底基础结构参数正交试验因素水平表，如表 2-1 所示。

表 2-1　　掏挖扩底基础结构参数正交试验因素水平表

水平	影响因素名称		
	λ	θ (°)	d (m)
1	1.50	10.0	0.80
2	2.50	20.0	1.20
3	3.50	30.0	1.60

根据表 2-1 所示的正交试验因素水平，设计 9 个正交试验基础即可完成一个场地的正交试验。试验中，分别在 XJ-ERD、GS-GTX、GS-SDX 和 GS-

JCB共4个场地进行了基础抗拔承载性能正交试验，而在XJ－YH、XJ－DWY和GS－JQB共3个场地未开展基础正交试验。

在新疆和甘肃共7个场地完成46了个掏挖扩底基础试验，各场地戈壁掏挖扩底基础编号及几何尺寸分别如表2－2和表2－3所示。所有试验基础$m=0.6\text{m}$，$e=t=0.2\text{m}$。

表2－2　新疆地区戈壁掏挖扩底基础编号及几何尺寸

场地编号	基础编号	试验基础几何尺寸				
		λ	θ（°）	d（m）	h_t（m）	D（m）
XJ－YH	1/KT1	1.50	25.0	1.00	2.34	1.56
	1/KT6	3.50	25.0	0.80	4.76	1.36
XJ－ERD	2/KT1	1.50	15.0	0.80	1.68	1.12
	2/KT2	1.50	25.0	1.00	2.34	1.56
	2/KT3	1.50	40.0	1.20	3.31	2.21
	2/KT4	2.50	15.0	1.00	3.30	1.32
	2/KT5	2.50	25.0	1.20	4.40	1.76
	2/KT6	2.50	40.0	0.80	4.52	1.81
	2/KT7	3.50	15.0	1.20	5.33	1.52
	2/KT8	3.50	25.0	0.80	4.76	1.36
	2/KT9	3.50	40.0	1.00	7.02	2.01
XJ－DWY	3/KT3	2.50	25.0	1.20	4.50	1.80

表2－3　甘肃地区戈壁掏挖扩底基础编号及几何尺寸

场地编号	基础编号	试验基础几何尺寸				
		λ	θ（°）	d（m）	h_t（m）	D（m）
GS－GTX	1/KT1	1.50	10.0	0.80	1.52	1.01
	1/KT2	1.50	20.0	1.20	2.45	1.64
	1/KT3	1.50	30.0	1.60	3.44	2.29
	1/KT4	2.50	10.0	1.20	3.53	1.41
	1/KT5	2.50	20.0	1.60	5.09	2.04
	1/KT6	2.50	30.0	0.80	3.73	1.49
	1/KT7	3.50	10.0	1.60	6.34	1.81
	1/KT8	3.50	20.0	0.80	4.33	1.24
	1/KT9	3.50	30.0	1.20	6.62	1.89

续表

场地编号	基础编号	试验基础几何尺寸				
		λ	θ (°)	d (m)	h_t (m)	D (m)
GS-SDX	2/KT1	1.50	10.0	0.80	1.52	1.01
	2/KT2	1.50	20.0	1.20	2.45	1.64
	2/KT3	1.50	30.0	1.60	3.44	2.29
	2/KT4	2.50	10.0	1.20	3.53	1.41
	2/KT5	2.50	20.0	1.60	5.09	2.04
	2/KT6	2.50	30.0	0.80	3.73	1.49
	2/KT7	3.50	10.0	1.60	6.34	1.81
	2/KT8	3.50	20.0	0.80	4.33	1.24
	2/KT9	3.50	30.0	1.20	6.62	1.89
GS-JCB	3/KT1	1.50	10.0	0.80	1.52	1.01
	3/KT2	1.50	20.0	1.20	2.45	1.64
	3/KT3	1.50	30.0	1.60	3.44	2.29
	3/KT4	2.50	10.0	1.20	3.53	1.41
	3/KT5	2.50	20.0	1.60	5.09	2.04
	3/KT6	2.50	30.0	0.80	3.73	1.49
	3/KT7	3.50	10.0	1.60	6.34	1.81
	3/KT8	3.50	20.0	0.80	4.33	1.24
	3/KT9	3.50	30.0	1.20	6.62	1.89
GS-JQB	4/KT1	1.54	33.7	0.80	1.85	1.20
	4/KT2	1.95	33.0	0.84	2.40	1.23
	4/KT3	2.79	33.7	0.80	3.35	1.20
	4/KT5	2.14	30.3	1.05	3.00	1.40
	4/KT8	2.84	42.5	1.05	4.55	1.60
	4/KT12	2.16	42.5	1.25	3.88	1.80
	4/KT13	2.49	42.5	1.30	4.60	1.85

2. 掏挖直柱基础

掏挖直柱基础抗拔承载性能主要取决于基础埋深和立柱直径，试验分别在GS-GTX、GS-SDX、GS-JCB、GS-JQB、XJ-YH和XJ-ERD共6个场地完成，共19个试验基础。掏挖直柱基础编号及几何尺寸如表2-4所示。

表 2-4 掏挖直柱基础编号及几何尺寸

场地编号	基础编号	试验基础几何尺寸	
		H（m）	d（m）
GS-GTX	1/ZT1	1.40	0.80
	1/ZT2	3.20	1.20
	1/ZT3	5.80	1.60
GS-SDX	2/ZT1	1.40	0.80
	2/ZT2	3.20	1.20
	2/ZT3	5.80	1.60
GS-JCB	3/ZT1	1.40	0.80
	3/ZT2	3.20	1.20
	3/ZT3	5.80	1.60
	3/ZT4	6.00	1.00
	3/ZT5	6.00	1.00
	3/ZT6	6.00	1.00
	3/ZT7	4.00	1.00
GS-JQB	4/ZT1	3.82	1.02
	4/ZT2	5.30	1.05
XJ-YH	5/ZT1	2.74	1.00
	5/ZT2	5.16	0.80
XJ-ERD	6/ZT1	2.74	1.00
	6/ZT2	5.16	0.80

三、试验基础施工

戈壁原状土掏挖扩底基础主要施工过程如图 2-2 所示，掏挖扩底基础施工与人工挖孔桩施工步骤基本相同。掏挖直柱基础与掏挖扩底基础施工过程中的不同在于，掏挖直柱基础无扩底部分，施工过程与掏挖扩底基础直柱部分相同。

戈壁原状土掏挖基础的施工作业主要分为以下几个过程：

（1）施工原材料和工器具准备。

（2）基坑开挖，一般采用人工方法掏挖和扩底。试验基础施工过程中未见地下水。实际工程施工中，可根据戈壁地基稳定性情况，采用护壁措施，保证施工安全。

图 2-2　戈壁原状土掏挖扩底基础主要施工过程

(a) 基坑开挖；(b) 钢筋绑扎；(c) 地脚螺栓固定；(d) 混凝土浇注及养护

(3) 坑内绑扎钢筋笼或将钢筋笼在地面绑扎好后直接从地面下到坑内。

(4) 连接地脚螺栓固定。地脚螺栓个数按照试验基础预估极限荷载进行设计，试验基础地脚螺栓个数从 4 个到 8 个不等。

(5) 混凝土浇注。试验基础混凝土强度等级为 C25。

(6) 混凝土养护。

第二节　抗拔试验系统与测试方法

一、加载系统

图 2-3 所示为抗拔试验加载系统，图 2-4 所示为抗拔试验实景图。根据试验基础的预估极限承载力，基础上拔试验加载系统由 5～7 根长 12m 经过加

强的工字钢梁、混凝土反力垫块、1～3 个 5000kN 千斤顶、连接螺栓、球形铰支座和连接板等组成。为消除混凝土反力支座对上拔范围内土体的影响，混凝土反力支座中心距 11m。此外，试验连接装置中采用球形铰支座消除加载偏心影响。试验加载系统满足国际标准 CEI/IEC 1773：1996 *Overhead Lines - Testing of Foundations for Structures* 的要求。

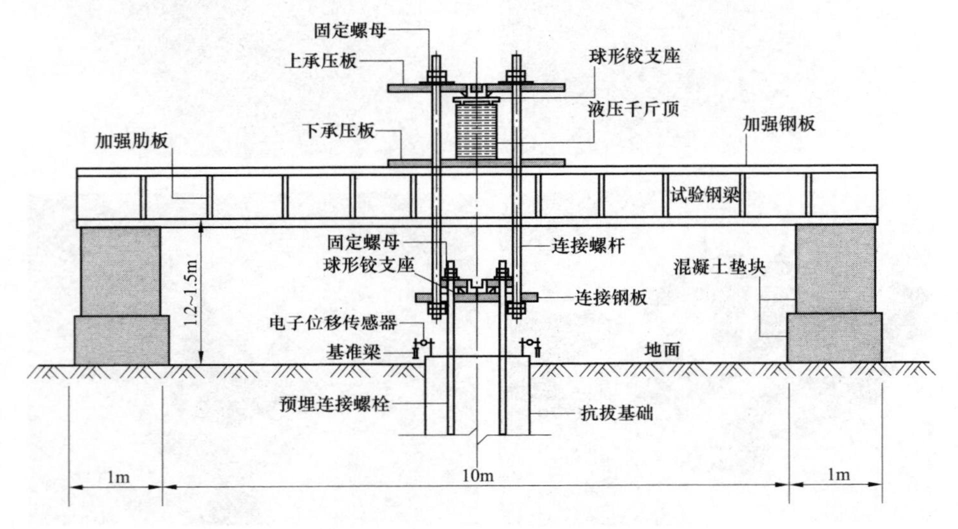

图 2-3　抗拔试验加载系统

图 2-4　抗拔试验实景图
(a) 新疆地区；(b) 甘肃地区

二、测控系统

试验中上拔力的自动加载、稳载与恒载由 RS－JYB/C 型桩基静载荷测试分析系统中载荷控制箱、压力传感器、油泵、单向阀、数据交换系统以及显示与操作系统等实现。RS－JYB/C 型桩基静载荷测试分析系统的工作原理和连接框图如图 2－5 所示。

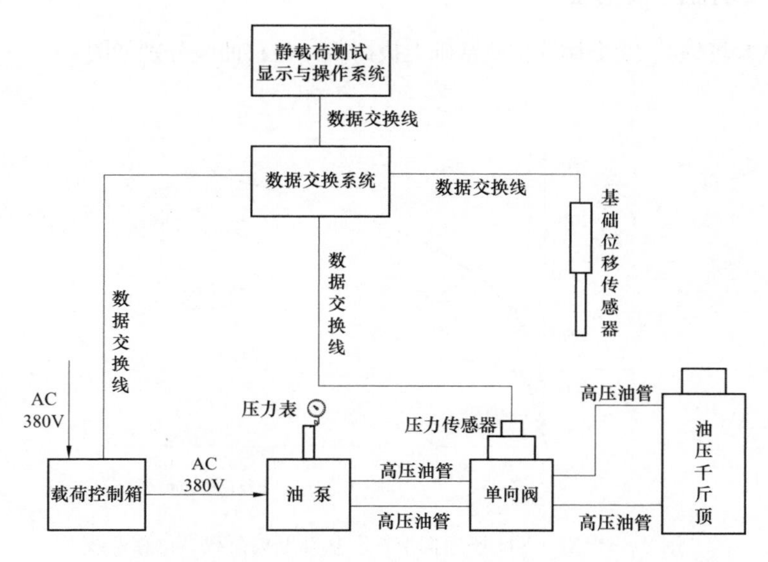

图 2－5　RS－JYB/C 型桩基静载荷测试分析系统的工作原理和连接框图

RS－JYB/C 型桩基静载荷测试分析系统具备全自动实时观测与记录，自动加载、补载，自动维持荷载恒定，自动判定每一级荷载下试验稳定条件并可自动加载进行下一级荷载试验等功能。同时，试验过程中也可根据需要，实现人为控制并随时记录测试数据。

三、加载方法

所有基础抗拔试验均采用慢速维持荷载法，按 ASTM D 3689M－07 (2013)01*Standard Test Method for Deep Foundations Under Static Axial Tensile Load* 进行加载。试验前以基础预估极限荷载值的 1/10 为增量进行荷载分级，确定每一级的荷载增量，试验第 1 次加载量为分级荷载增量的 2 倍，以后按分级荷载增量逐级等量加载，并自动加载、补载与恒载。

第三节　试验基础抗拔荷载—位移曲线

通过试验测定抗拔荷载以及每一级荷载作用下基础顶面的位移，从而获得基础抗拔荷载—位移曲线。

一、掏挖扩底基础

各试验场地共46个掏挖扩底基础上拔荷载—位移曲线分别如图2-6～图2-12所示。

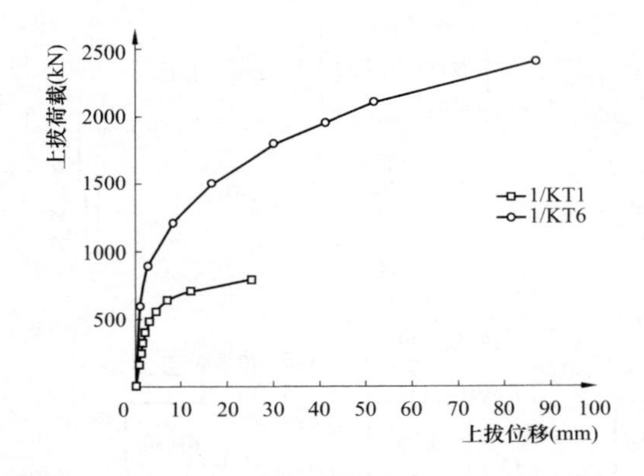

图2-6　XJ-YH场地掏挖扩底基础上拔荷载—位移曲线

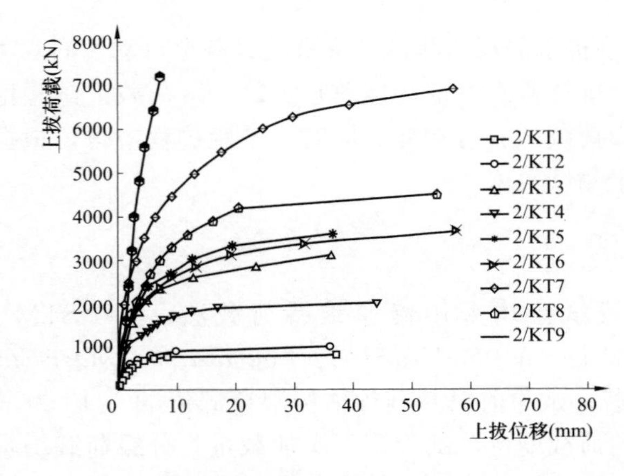

图2-7　XJ-ERD场地掏挖扩底基础上拔荷载—位移曲线

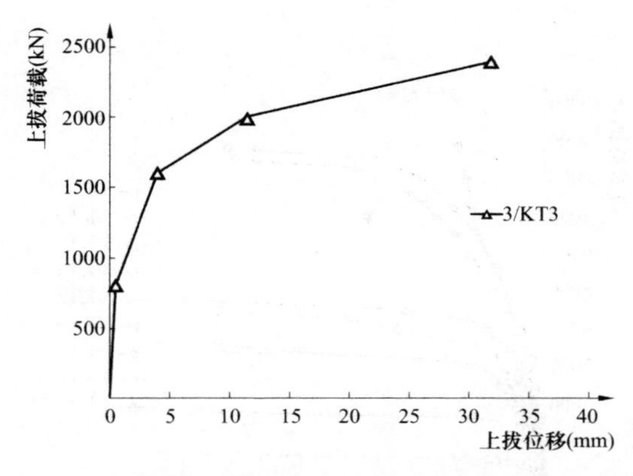

图 2-8　XJ-DWY 场地掏挖扩底基础上拔荷载—位移曲线

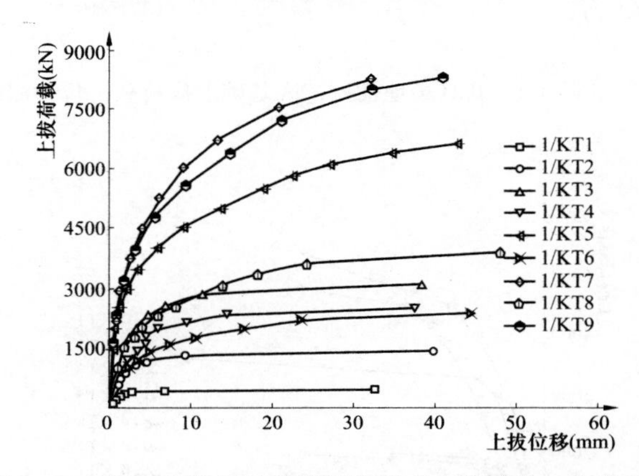

图 2-9　GS-GTX 场地掏挖扩底基础上拔荷载—位移曲线

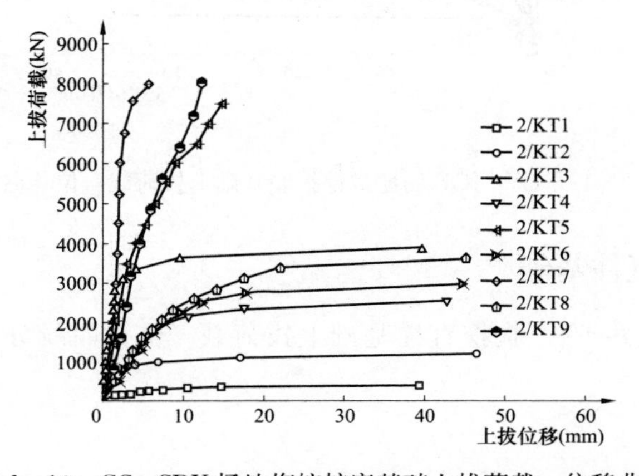

图 2-10　GS-SDX 场地掏挖扩底基础上拔荷载—位移曲线

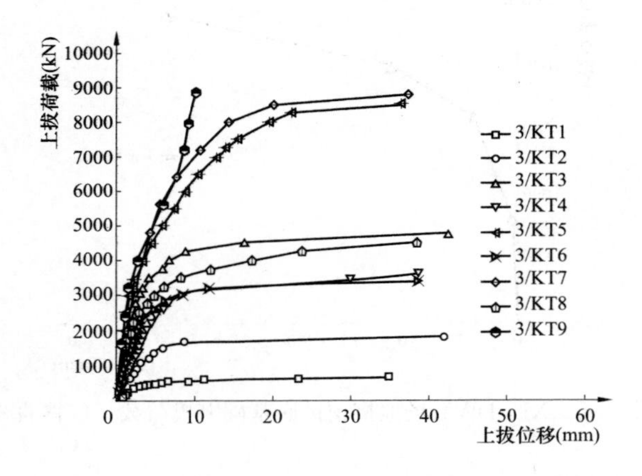

图 2-11　GS-JCB 场地掏挖扩底基础上拔荷载—位移曲线

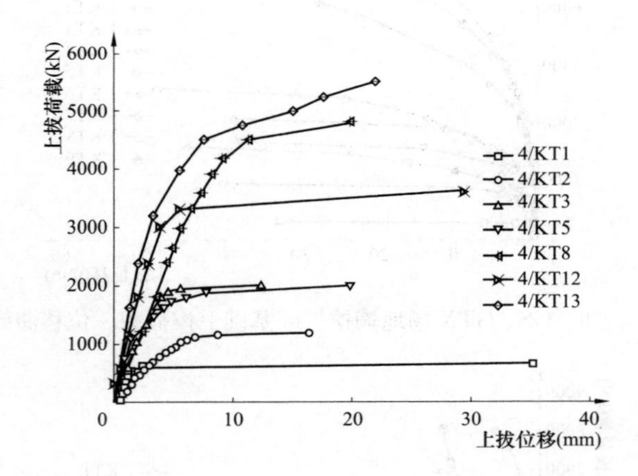

图 2-12　GS-JQB 场地掏挖扩底基础上拔荷载—位移曲线

二、掏挖直柱基础

各试验场地共 19 个掏挖直柱基础上拔荷载—位移曲线分别如图 2-13～图 2-18 所示。

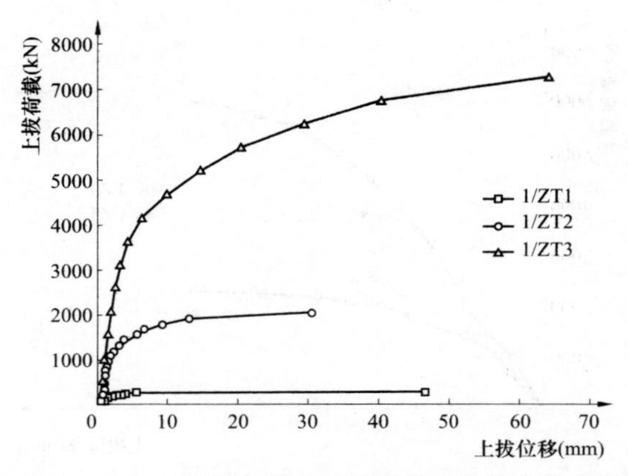

图 2-13　GS-GTX 场地掏挖直柱基础上拔荷载—位移曲线

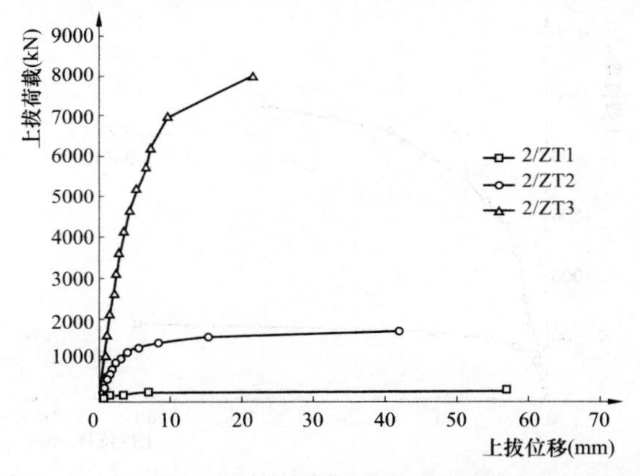

图 2-14　GS-SDX 场地掏挖直柱基础上拔荷载—位移曲线

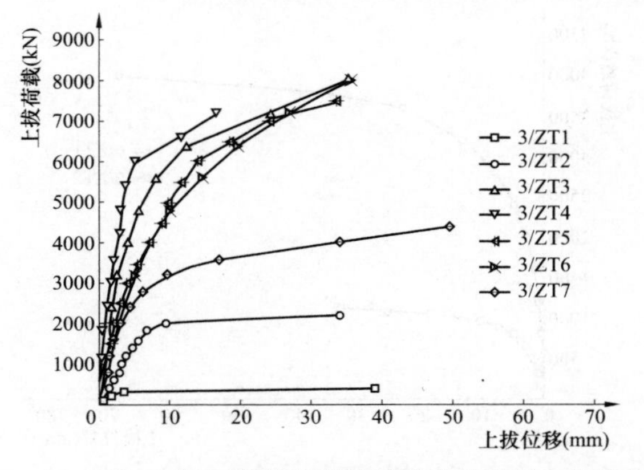

图 2-15　GS-JCB 场地掏挖直柱基础上拔荷载—位移曲线

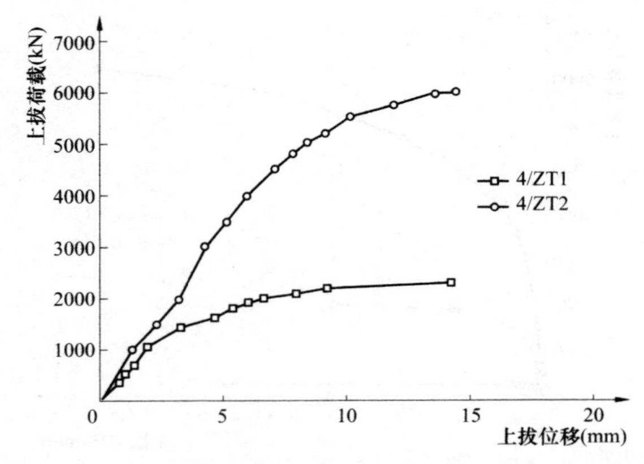

图 2-16 GS-JQB 场地掏挖直柱基础上拔荷载—位移曲线

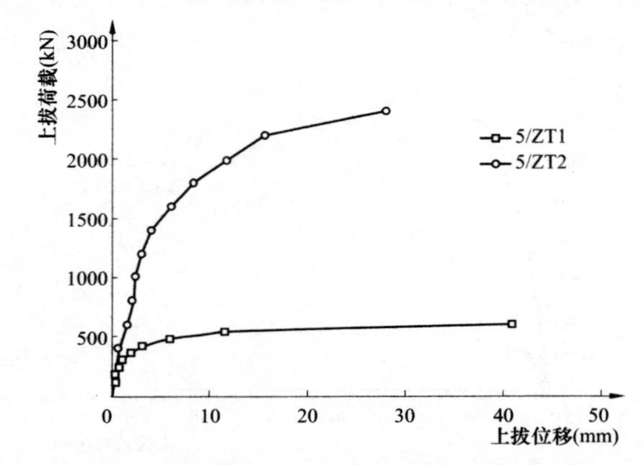

图 2-17 XJ-YH 场地掏挖直柱基础上拔荷载—位移曲线

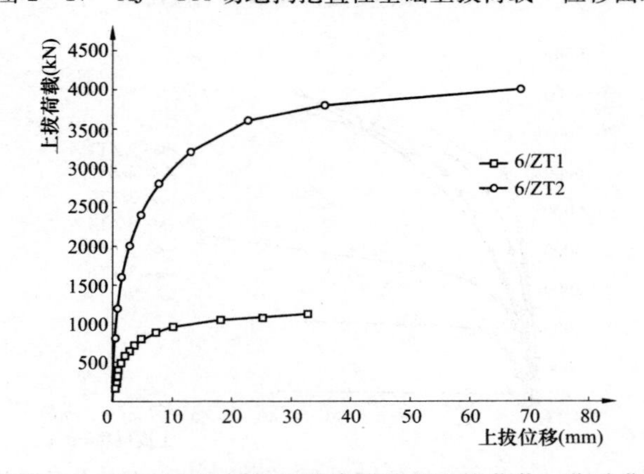

图 2-18 XJ-ERD 场地掏挖直柱基础上拔荷载—位移曲线

第三章 戈壁掏挖基础抗拔荷载—位移特性

第一节　抗拔极限承载力与位移确定的常见方法

基础试验荷载—位移曲线体现了地基基础体系承载和变形性状，是地基条件、基础类型、基础尺寸和荷载类型等多种因素的综合反映。竖向下压或上拔荷载作用下典型荷载—位移曲线如图 3-1 所示，大致可分为 3 种类型：有峰值荷载的“软化型”曲线 A、“陡变型”曲线 B 和“缓变型”曲线 C。

综合分析第二章图 2-6～图 2-18 所示的戈壁掏挖扩底基础和掏挖直柱基础抗拔荷载—位移曲线可看出，典型的戈壁掏挖基础抗拔荷载—位移曲线大都呈图 3-1 所示的“缓变型”曲线 C 的变化规律，均可划分为 3 个特征阶段：初始弹性直线段、弹塑性曲线过渡段和直线破坏段（见图 3-2）。在初始弹性直线段（oa 段），基础位移随上拔荷载的增加呈线性变化，荷载—位移曲线近似为

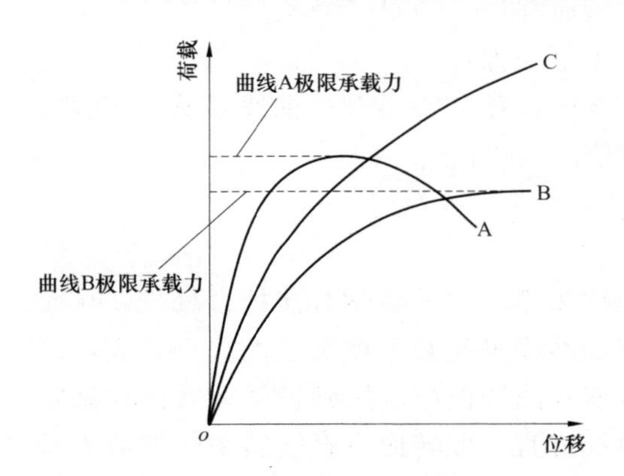

图 3-1　竖向下压或上拔荷载作用下典型荷载—位移曲线

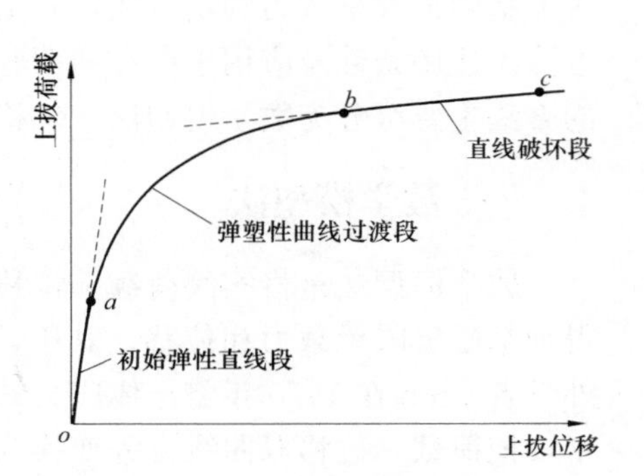

图 3-2　戈壁掏挖基础上拔荷载—位移曲线的 3 个特征阶段

直线；在弹塑性曲线过渡段（ab 段），基础位移随上拔荷载的增加呈非线性变化，且荷载—位移曲线的位移变化速率明显大于初始弹性直线段；而在直线破坏段（bc 段），基础位移随上拔荷载的增加而迅速增加，较小的荷载增量即产生较大的位移增量。

对图 3-1 所示的 3 种类型荷载—位移曲线的极限承载力和位移取值方法不同。通常取曲线 A 的峰值荷载作为基础极限承载力。而对"陡变型"曲线 B 则取其陡变起始点对应的荷载值作为基础极限承载力。但取陡变起始点对应的荷载作为基础极限承载力是一个"定性"方法，可能会受试验人员的判定方法和荷载—位移曲线的绘图比例影响。图 3-3 所示为同一"陡变型"荷载—位移曲线因绘图比例影响载力判定的示意图，从图中可看出，因绘图比例不同，使得图 3-3（a）看似"陡变型"变化，而图 3-3（b）则呈"缓变型"变化。

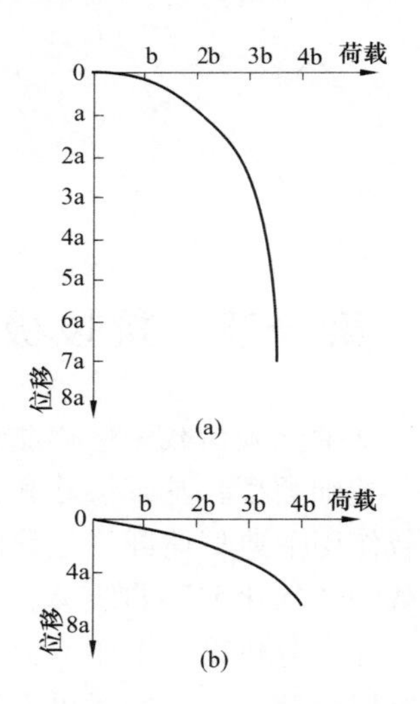

图 3-3　同一"陡变型"荷载—位移曲线因绘图比例影响载力判定的示意图
（a）"陡变型"；（b）"缓变型"

图 3-1 中"缓变型"曲线 C 所对应的基础极限承载力确定方法或基础失效准则较多，至今尚未有统一的方法。如 CEI/IEC 1773：1996 *Overhead lines — Testing of Foundations for Structures* 给出了 6 种由基础荷载—位移曲线确定承载力的方法，而国外学者 Hirany 和 Kulhawy 及 Terzaghi 则先后总结了轴向下压荷载作用下基础最大承载力确定方法，并给出了每一种方法的适用条件及应用中存在的问题。概括起来，"缓变型"曲线 C 确定承载力的方法主要可分为数学模型法、位移定值法和图解法 3 种。

一、数学模型法

数学模型法是将实测荷载—位移曲线采用一定的数学方法拟合处理，从而得到基础极限承载力和位移。其中，双曲线模型是数学模型法的典型代表，国外学者 Chin 在 1970 年将土体应力—应变双曲线模型应用到桩基荷载位移确定中，把荷载—位移双曲线方程变换为直线方程，取转换后直线斜率的倒数为基础极限承载力，图 3-4 所示为双曲线数学模型法，其中 T 为上拔荷载，s 为上拔位移，m 为直线斜率。

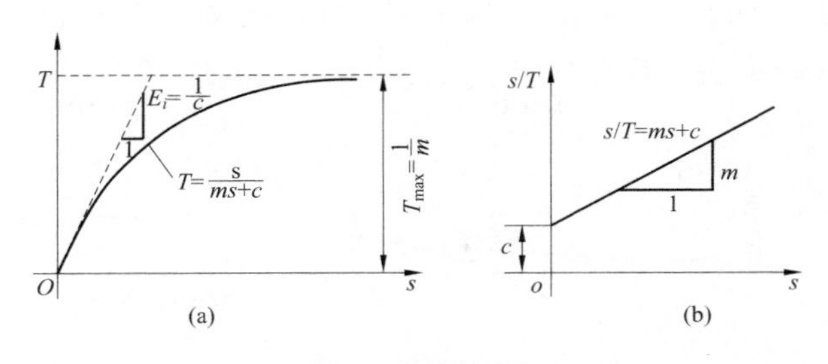

图 3-4　双曲线数学模型法

（a）双曲线方程；（b）直线方程

Chin 双曲线模型法一方面隐含了基础试验最大加载能力需超过基础极限承载力以获得完整的荷载—位移曲线的前提条件；另一方面，该方法也只能对接近“陡降型”荷载—位移曲线适用。总体上看，Chin 双曲线模型法因取荷载—位移渐进线所对应的荷载为基础极限承载力，往往过高地估计了基础极限承载能力。

二、位移法

位移法通常可分为位移定值法和位移变化速率定值法两种。

位移定值法是根据给定的位移值由荷载—位移曲线确定基础极限承载力的方法，其实际上是假设基础在正常使用荷载条件下，基础位移不会超过该给定的容许位移。位移定值法没有考虑基础结构尺寸和地基承载特性对基础荷载—位移曲线的影响，所得到的基础极限承载力通常不一定在荷载—位移曲线的塑性区。

位移变化速率定值法首先是根据指定的位移变化速率绘制出对应的荷载一位移直线，取该荷载一位移直线和基础试验得到的荷载—位移曲线的交点所对应的荷载、位移作为极限抗拔承载力与位移。总体上看，位移变化速率定值法确定极限承载力缺乏相应的理论依据。图 3-5 所示的“硬化型”荷载—位移曲线，其破坏线性段切线斜率大于或等于指定的荷载—位移曲线的斜率，此时，采用位移速率定值法将因不能得到基础极限承载力而不适用。

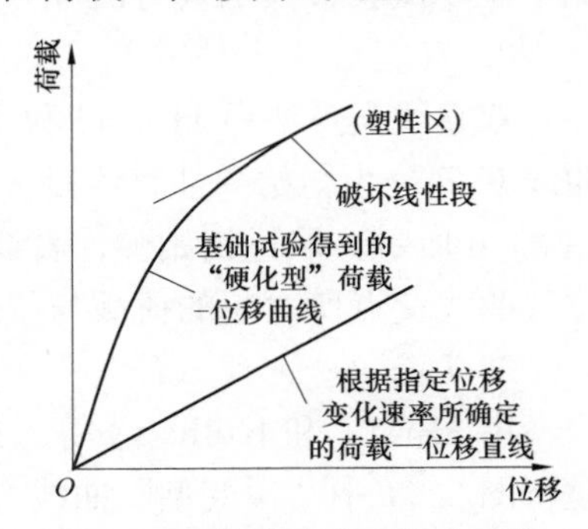

图 3-5　位移速率定值法不能确定极限承载力示意图

三、图解法

图解法是按照一定取值原则对荷载—位移曲线进行解释，从而得到相应基础承载力和位移。图 3-6 所示为图解法确定基础承载力与位移。图解法主要有 3 种：初始直线斜率法、双直线交点法和 L_1—L_2 方法。

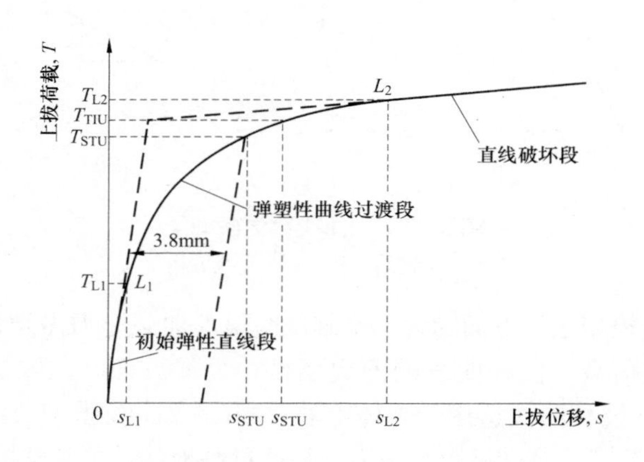

图 3-6　图解法确定基础承载力与位移

1. 初始直线斜率法（Slope tangent method）

初始直线斜率法由 O′ Rourke and Kulhawy 提出，如图 3-6 所示，该方法取与初始直线段斜率相同但平移 3.8mm 后的直线与荷载—位移曲线交点所对应的荷载与位移为极限承载力和位移。初始直线斜率法属于经验方法，简单直接，不受绘图比例影响，但总体上看，初始直线斜率法确定的基础极限承载力往往低于现场试验最大承载力值。

2. 双直线交点法（Tangent intersection method）

双直线交点法由 Housel 和 Tomlinson 等人提出，其将图 3-1 中“缓变型”曲线 C 划分为初始弹性直线段、弹塑性曲线过渡段和直线破坏段 3 个阶段，如图 3-6 所示，取过初始弹性直线段和直线破坏段两直线交点的水平线与荷载—位移曲线交点所对应的荷载与位移为极限承载力和位移。

3. L_1—L_2 方法（L_1—L_2 method）

由 Hirany 和 Kulhawy 等人提出，主要用于评价桩基承载性能，该方法也是将图 3-1 中“缓变型”曲线 C 划分为初始弹性直线段、弹塑性曲线过渡段和直线破坏段 3 个阶段，如图 3-6 所示，取初始弹性直线段终点 L_1 对应的荷载、位移为弹性极限荷载和位移，取破坏直线线段起点 L_2 对应的荷载、位移为塑性极限承载力和位移。目前，该方法已被国外学者广泛用于扩展基础、微型桩等其他类型桩基的承载力评价。

第二节　基于不同失效准则的戈壁掏挖基础抗拔性能评价

根据图 3－2 所示的戈壁掏挖基础抗拔荷载—位移曲线的 3 个特征阶段，选用初始直线斜率法、双直线交点法、L_1—L_2 方法以及 Chin 数学模型法 4 种代表性方法确定试验基础的抗拔极限承载力及其对应位移。国外已有研究成果表明，上述 4 种承载力和位移确定方法分别代表了基础承载性能低、中、高的取值评价准则。分别记 T_{L1}、T_{STU}、T_{TIU}、T_{L2}和 T_{CHIN}分别为初始直线斜率法、双直线交点法、L_1－L_2 方法和 Chin 数学模型法 4 种失效准则所对应的基础抗拔承载力，其所对应的位移则分别记为 s_{L1}、s_{STU}、s_{TIU}、s_{L2}和 s_{CHIN}。

一、掏挖扩底基础

按照初始直线斜率法、双直线交点法、L_1－L_2 方法以及 Chin 数学模型法 4 种失效准则得到的 46 个掏挖扩底基础承载力和位移分别如表 3－1～表 3－4 所示。

表 3－1　　甘肃地区掏挖扩底基础承载力

场地编号	基础编号	T_{L1}（kN）	T_{STU}（kN）	T_{TIU}（kN）	T_{L2}（kN）	T_{CHIN}（kN）
GS－GTX	1/KT1	237	437	443	450	490
	1/KT2	854	1247	1288	1326	1526
	1/KT3	1516	2568	2788	2875	3436
	1/KT4	754	1989	2235	2349	2725
	1/KT5	2097	3965	5378	6251	6856
	1/KT6	1088	1630	2021	2203	2626
	1/KT7	2362	5038	6233	7428	8962
	1/KT8	1081	2382	3425	3667	4141
	1/KT9	2306	4798	5850	7286	8794
GS－SDX	2/KT1	154	294	346	361	424
	2/KT2	406	946	1043	1097	1247
	2/KT3	2848	3508	3591	3659	4092
	2/KT4	1547	2129	2255	2349	3250

续表

场地编号	基础编号	T_{L1}（kN）	T_{STU}（kN）	T_{TIU}（kN）	T_{L2}（kN）	T_{CHIN}（kN）
GS-SDX	2/KT5	2097	3965	5378	6251	6856
	2/KT6	1415	2407	2678	2768	3518
	2/KT7	2362	5038	6233	7428	8962
	2/KT8	2135	2838	3264	3395	4939
	2/KT9	2270	4717	5103	7286	8794
GS-JCB	3/KT1	327	524	555	576	735
	3/KT2	1088	1633	1650	1668	2000
	3/KT3	2844	4074	4471	4524	5214
	3/KT4	2306	3120	3104	3246	4292
	3/KT5	2750	5105	7937	8273	10400
	3/KT6	2325	2986	3136	3211	4219
	3/KT7	3144	6692	8278	8150	9480
	3/KT8	2330	3400	3930	4260	4840
	3/KT9	3093	6673	5387	8571	8800
GS-JQB	4/KT1	529	608	599	604	694
	4/KT2	513	1163	1132	1155	1830
	4/KT3	658	1961	1931	1955	2501
	4/KT5	1072	1823	1830	1900	2153
	4/KT8	3182	4555	4378	4522	5750
	4/KT12	1778	3315	3278	3288	3874
	4/KT13	1855	4410	4234	4592	6397

表 3-2　　甘肃地区掏挖扩底基础位移

场地编号	基础编号	s_{L1}（mm）	s_{STU}（mm）	s_{TIU}（mm）	s_{L2}（mm）	s_{CHIN}（mm）
GS-GTX	1/KT1	0.54	4.78	5.99	7.29	>32.72
	1/KT2	1.85	6.39	8.03	10.10	>39.75
	1/KT3	1.64	6.87	10.19	12.10	>38.37
	1/KT4	0.99	6.19	11.65	14.80	>37.61
	1/KT5	0.87	5.85	17.64	29.80	>42.5
	1/KT6	2.76	7.96	17.37	24.10	>44.4
	1/KT7	0.95	5.63	10.64	19.75	>32.1

续表

场地编号	基础编号	s_{L1} (mm)	s_{STU} (mm)	s_{TIU} (mm)	s_{L2} (mm)	s_{CHIN} (mm)
GS-GTX	1/KT8	1.03	6.07	19.07	25.40	>48.01
	1/KT9	0.75	5.59	11.24	22.06	>28.24
GS-SDX	2/KT1	1.71	7.08	12.81	14.70	>39.34
	2/KT2	0.89	5.28	11.37	17.30	>46.49
	2/KT3	1.34	5.75	7.67	11.00	>39.72
	2/KT4	4.63	10.05	14.18	17.70	>42.75
	2/KT5	2.77	8.62	6.22	14.46	>14.81
	2/KT6	4.23	11.45	16.21	19.30	>50.77
	2/KT7	0.65	5.98	3.03	3.60	>5.58
	2/KT8	7.68	13.80	19.91	22.42	>32.14
	2/KT9	4.03	13.27	7.83	13.70	>45.14
GS-JCB	3/KT1	2.41	7.86	10.30	12.40	>34.48
	3/KT2	3.17	8.64	8.75	11.00	>41.89
	3/KT3	2.61	7.34	11.19	12.60	>49.53
	3/KT4	4.73	10.19	9.61	14.80	>30.16
	3/KT5	1.30	6.29	18.87	22.56	>36.62
	3/KT6	3.38	8.05	10.79	13.10	>38.68
	3/KT7	2.31	8.56	17.47	20.17	>37.52
	3/KT8	2.66	7.39	15.88	24.13	>38.66
	3/KT9	1.47	6.01	3.77	9.80	>10.09
GS-JQB	4/KT1	1.25	5.16	2.28	3.90	>35.27
	4/KT2	2.28	8.71	7.43	8.50	>16.35
	4/KT3	1.04	6.85	5.23	5.70	>12.36
	4/KT5	1.39	6.26	6.57	7.79	>20.03
	4/KT8	6.10	12.43	10.38	11.50	>19.9
	4/KT12	1.90	7.23	5.24	5.70	>29.51
	4/KT13	1.40	7.21	6.48	8.50	>22.13

注 “>”表示按照Chin双曲线模型方法确定的极限承载力所对应的位移前试验终止，该位移数值对应试验基础最大位移值。

表 3-3　　新疆地区掏挖扩底基础承载力

场地编号	基础编号	T_{L1}（kN）	T_{STU}（kN）	T_{TIU}（kN）	T_{L2}（kN）	T_{CHIN}（kN）
XJ-YH	1/KT1	227	629	670	724	885
	1/KT6	765	1097	1706	2129	2502
XJ-ERD	2/KT1	476	728	754	761	833
	2/KT2	342	780	869	904	1037
	2/KT3	928	2187	2377	2637	3295
	2/KT4	894	1390	1848	1895	2025
	2/KT5	1756	2550	3038	3300	4103
	2/KT6	1365	2188	3050	3355	3714
	2/KT7	2163	3990	5922	6561	7179
	2/KT8	1424	2897	4058	4228	4779
	2/KT9	3834	8599	8075	8490	7200
XJ-DWY	3/KT3	826	1657	1798	2017	2509

表 3-4　　新疆地区掏挖扩底基础位移

场地编号	基础编号	s_{L1}（mm）	s_{STU}（mm）	s_{TIU}（mm）	s_{L2}（mm）	s_{CHIN}（mm）
XJ-YH	1/KT1	1.60	6.40	7.82	8.90	>37.13
	1/KT6	0.60	5.03	8.46	10.30	>36.84
XJ-ERD	2/KT1	0.90	5.80	7.72	13.80	>36.25
	2/KT2	0.70	5.30	14.72	17.60	>44.26
	2/KT3	2.40	6.95	13.23	19.50	>36.67
	2/KT4	1.00	5.09	17.81	30.50	>57.68
	2/KT5	1.20	6.04	23.71	37.40	>56.92
	2/KT6	1.10	6.55	18.27	22.30	>41.27
	2/KT7	1.00	6.48	8.68	12.40	>25.46
	2/KT8	1.70	6.03	25.80	52.20	>86.86
	2/KT9	2.66	9.97	8.24	9.22	>12.14
XJ-DWY	3/KT3	0.6	4.93	7.58	11.7	>31.83

注　“>”表示按照 Chin 双曲线模型方法确定的极限承载力所对应的位移前试验终止，该位移数值对应试验基础最大位移值。

二、掏挖直柱基础

按照初始直线斜率法、双直线交点法、L_1—L_2 方法以及 Chin 数学模型法 4 种失效准则得到的 19 个掏挖直柱基础承载力和位移分别如表 3－5～表 3－8 所示。

表 3－5　　甘肃地区掏挖直柱基础承载力

场地编号	基础编号	T_{L1}（kN）	T_{STU}（kN）	T_{TIU}（kN）	T_{L2}（kN）	T_{CHIN}（kN）
GS－GTX	1/ZT1	161	264	263	265	280
	1/ZT2	1011	1679	1847	1927	2040
	1/ZT3	2993	4440	6024	6780	7280
GS－SDX	2/ZT1	103	196	208	210	240
	2/ZT2	936	1386	1519	1565	1680
	2/ZT3	3724	6922	6636	7032	8000
GS－JCB	3/ZT1	195	310	296	301	400
	3/ZT2	1226	2010	1985	2012	2200
	3/ZT3	3333	5798	5906	6441	8000
	3/ZT4	2545	6218	5739	6040	7200
	3/ZT5	2910	5641	6183	7022	7500
	3/ZT6	2503	4930	5477	7088	8000
	3/ZT7	1757	2930	3316	3620	4400
GS－JQB	4/ZT1	1086	2072	2101	2205	2300
	4/ZT2	3008	5503	5718	5954	6000

表 3－6　　甘肃地区掏挖直柱基础位移

场地编号	基础编号	s_{L1}（mm）	s_{STU}（mm）	s_{TIU}（mm）	s_{L2}（mm）	s_{CHIN}（mm）
GS－GTX	1/ZT1	1.42	6.64	5.52	5.72	＞46.67
	1/ZT2	1.67	6.83	10.98	13.61	＞30.51
	1/ZT3	3.06	8.25	25.57	41.31	＞64.25
GS－SDX	2/ZT1	0.58	5.24	6.37	7.51	＞57.17
	2/ZT2	2.19	6.94	12.46	15.47	＞41.89
	2/ZT3	2.85	9.26	8.43	9.86	＞21.35
GS－JCB	3/ZT1	1.85	6.74	3.51	3.95	＞19.13
	3/ZT2	3.91	10.62	9.22	9.91	＞34.20

续表

场地编号	基础编号	s_{L1}（mm）	s_{STU}（mm）	s_{TIU}（mm）	s_{L2}（mm）	s_{CHIN}（mm）
GS－JCB	3/ZT3	2.62	9.13	9.79	12.91	＞35.35
	3/ZT4	1.26	7.46	4.61	5.44	＞16.59
	3/ZT5	3.63	12.48	15.59	24.44	＞33.64
	3/ZT6	3.62	10.85	13.98	25.83	＞35.88
	3/ZT7	2.32	7.55	11.74	17.23	＞49.63
GS－JQB	4/ZT1	2.01	7.63	8.01	9.35	＞14.23
	4/ZT2	4.23	10.16	11.90	13.60	＞14.39

注 “＞”表示按照Chin双曲线模型方法确定的极限承载力所对应的位移前试验终止，该位移数值对应试验基础最大位移值。

表 3－7　　新疆地区掏挖直柱基础承载力

场地编号	基础编号	T_{L1}（kN）	T_{STU}（kN）	T_{TIU}（kN）	T_{L2}（kN）	T_{CHIN}（kN）
XJ－YH	5/ZT1	291	469	521	542	600
	5/ZT2	1168	1816	2071	2209	2400
XJ－ERD	6/ZT1	461	854	939	1040	1120
	6/ZT2	1550	2655	3614	3806	4000

表 3－8　　新疆地区掏挖直柱基础位移

场地编号	基础编号	s_{L1}（mm）	s_{STU}（mm）	s_{TIU}（mm）	s_{L2}（mm）	s_{CHIN}（mm）
XJ－YH	5/ZT1	0.96	5.37	9.93	11.91	＞40.96
	5/ZT2	2.78	8.53	13.21	16.15	＞28.12
XJ－ERD	6/ZT1	1.15	6.56	9.41	18.38	＞32.67
	6/ZT2	1.22	6.59	23.47	36.17	＞68.52

注 “＞”表示按照Chin双曲线模型方法确定的极限承载力所对应的位移前试验终止，该位移数值对应试验基础最大位移值。

第三节　戈壁掏挖基础抗拔归一化荷载－位移特征曲线

从表3－1～表3－8可看出，对同一场地的同一个试验基础，采用不同的失

效准则所得到的基础极限承载力和位移大小不同。为便于比较，取初始直线斜率法、双直线交点法、L_1—L_2 方法以及 Chin 数学模型法 4 种失效准则所得到的基础极限承载力与 T_{L2} 的比值进行归一化荷载—位移特性分析。即以不同失效准则确定的基础承载力与 T_{L2} 的比值为 y 轴，以给定失效准则下承载力所对应的位移均值为 x 轴，绘制出抗拔归一化荷载—位移特征曲线。

一、掏挖扩底基础

表 3－9 给出了不同失效准则下 7 个试验场地 46 个掏挖扩底基础极限承载力与 T_{L2} 比值的统计分析。表 3－10 给出了不同失效准则下掏挖扩底基础位移统计分析。

表 3－9　不同失效准则下掏挖扩底基础极限承载力与 T_{L2} 比值的统计分析

统计参数名称	试验基础的承载力与 T_{L2} 的比值（T/T_{L2}）			
	T_{L1}/T_{L2}	T_{STU}/T_{L2}	T_{TIU}/T_{L2}	T_{CHIN}/T_{L2}
最大值	0.88	1.01	1.02	1.58
最小值	0.29	0.52	0.63	0.85
均值	0.48	0.83	0.93	1.19
标准差	0.15	0.14	0.08	0.12
变异系数	0.32	0.17	0.08	0.10

表 3－10　不同失效准则下掏挖扩底基础位移统计分析

统计参数名称	s_{L1}（mm）	s_{STU}（mm）	s_{TIU}（mm）	s_{L2}（mm）	s_{CHIN}（mm）
最大值	7.68	13.80	25.80	52.20	>86.86
最小值	0.54	4.78	2.28	3.60	>5.58
均值	2.05	7.29	11.38	16.03	>35.59
标准差	1.52	2.19	5.46	9.13	14.26
变异系数	0.74	0.30	0.48	0.57	0.40

表 3－9 表明，基于不同失效准则下得到的基础极限承载力与 T_{L2} 的比值变化范围为 0.83～1.19，对应的变异系数为 0.08～0.17。而 T_{L1}/T_{L2} 的均值为 0.48，对应的变异系数为 0.32。在表 3－10 中，不同失效准则下得到的基础位移由小到大的排列顺序与不同失效准则得到的极限承载力与 T_{L2} 比值的大小排序相同，位移变化范围从 T_{L1} 对应的 2.05mm 到 T_{STU} 对应的 7.29mm 再到 T_{L2} 对

应的16.03 mm以及T_{CHIN}对应的大于35.59 mm，位移变异系数为0.30～0.74。

根据表3-9和表3-10统计结果，可绘制出图3-7所示的戈壁掏挖扩底基础抗拔归一化荷载—位移特征曲线。为便于比较，将T_{L1}，T_{STU}，T_{TIU}，T_{L2}，T_{CHIN}依次标注于归一化荷载—位移曲线上，同时也将T_{L1}，T_{STU}，T_{TIU}，T_{L2}，T_{CHIN}与T_{L2}比值及其所对应位移s的均值列于图中。

分析图3-7可看出，4种失效准则所确定的基础极限承载力由小到大的顺序为：初始直线斜率法、双直线交点法、L_1—L_2方法和Chin数学模型法。相应地，基础极限承载力所对应位移s大小顺序与承载力排序相同。

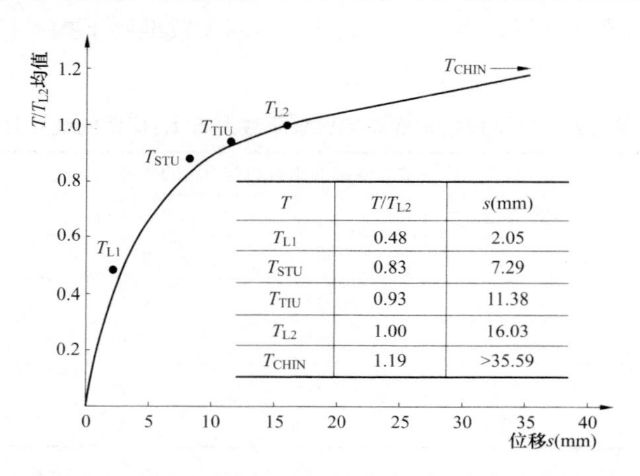

T	T/T_L2	s(mm)
T_{L1}	0.48	2.05
T_{STU}	0.83	7.29
T_{TIU}	0.93	11.38
T_{L2}	1.00	16.03
T_{CHIN}	1.19	>35.59

图3-7　戈壁掏挖扩底基础抗拔归一化荷载—位移特征曲线

总体上看，采用初始直线斜率法和Chin数学模型法所确定的基础极限承载力和位移分别反映了基础抗拔承载性能的上、下限，而双直线交点法确定的基础极限承载力和位移处于荷载—位移曲线的弹塑性曲线过渡段。因此，在确定戈壁碎石土掏挖扩底基础抗拔极限承载力时，如采用初始直线斜率法和双直线交点法将偏低地估计了基础抗拔承载性能。此外，由于T_{CHIN}/T_{L2}大于1.0且T_{CHIN}所对应的位移平均值大于35.59 mm，该位移值已远大于结构物位移小于25mm的一般要求。因此，按Chin数学模型法确定承载力将可能因过高估计基础抗拔承载性能而偏于危险。

二、掏挖直柱基础

与掏挖扩底基础处理方法相同，表3-11给出了不同失效准则下掏挖直柱基础极限承载力与T_{L2}比值的统计分析。表3-12给出了不同失效准则下掏挖直柱基础位移统计分析。

表 3-11　不同失效准则下掏挖直柱基础极限承载力与 T_{L2} 比值的统计分析

统计参数名称	试验基础的承载力与 T_{L2} 的比值，T/T_{L2}			
	T_{L1}/T_{L2}	T_{STU}/T_{L2}	T_{TIU}/T_{L2}	T_{CHIN}/T_{L2}
最大值	0.65	1.03	0.99	1.33
最小值	0.35	0.65	0.77	1.01
均值	0.50	0.87	0.94	1.11
标准差	0.08	0.11	0.05	0.08
变异系数	0.16	0.13	0.06	0.07

表 3-12　不同失效准则下掏挖直柱基础位移统计分析

统计参数名称	s_{L1}	s_{STU}	s_{TIU}	s_{L2}	s_{CHIN}
最大值	4.23	12.48	25.57	41.31	>68.52
最小值	0.58	5.24	3.51	3.95	>14.23
均值	2.28	8.00	11.25	15.72	>36.06
标准差	1.08	1.92	5.66	10.03	15.97
变异系数	0.47	0.24	0.50	0.64	0.44

表 3-11 表明，基于不同失效准则下得到的基础极限承载力与 T_{L2} 的比值变化范围为 0.87～1.11，对应的变异系数为 0.06～0.13。而 T_{L1}/T_{L2} 均值为 0.50，对应的变异系数为 0.16。在表 3-12 中，不同失效准则下基础位移由小到大的排列顺序与不同失效准则得到的极限承载力与 T_{L2} 比值的大小排序相同，位移变化范围从 T_{L1} 对应的 2.28mm 到 T_{STU} 对应的 8.00mm 再到 T_{L2} 对应的 15.72mm 以及 T_{CHIN} 对应的大于 36.06mm，位移变异系数为 0.24～0.64。

采用与掏挖扩底基础抗拔归一化荷载—位移特征曲线相同的绘制方法，可得到图 3-8 所示的戈壁掏挖直柱基础抗拔归一化荷载—位移特征曲线。

分析图 3-8 可看出，4 种失效准则确定的基础极限承载力由小到大的顺序为：初始直线斜率法、双直线交点法、L_1—L_2 方法和 Chin 数学模型法。相应地，基础极限承载力所对应位移 s 大小顺序与极限承载力排序相同。

由此可见，与戈壁掏挖扩底基础相同，初始直线斜率法和 Chin 数学模型法确定的基础极限承载力和位移分别反映了基础抗拔承载性能的上、下限，而双直线交点法确定的基础极限承载力和位移处于荷载—位移曲线的弹塑性曲线过渡段。因此，在确定戈壁碎石土掏挖直柱基础抗拔极限承载力时，如采用初始直线斜率法和双直线交点法将偏低地估计了基础抗拔承载性能。同样，由于 T_{CHIN}/T_{L2} 大于 1.0 且 T_{CHIN} 所对应的位移平均值大于 36.06mm，该位移值已远

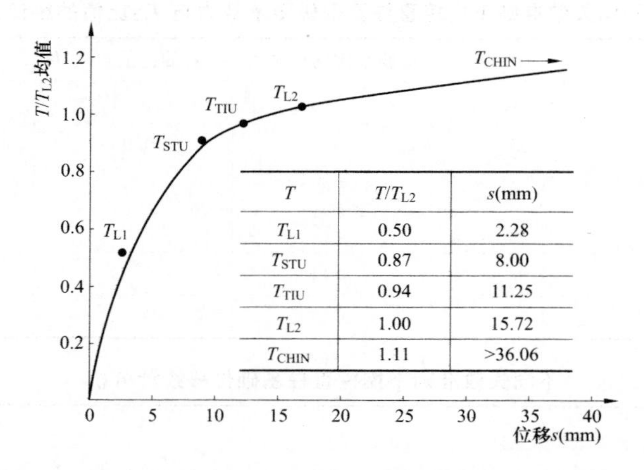

T	T/T_{L2}	s(mm)
T_{L1}	0.50	2.28
T_{STU}	0.87	8.00
T_{TIU}	0.94	11.25
T_{L2}	1.00	15.72
T_{CHIN}	1.11	>36.06

图 3－8　戈壁掏挖直柱基础抗拔归一化荷载—位移特征曲线

大于结构物位移小于 25mm 的一般要求。因此，按 Chin 数学模型法确定承载力将可能因过高估计基础抗拔承载性能而偏于危险。

三、掏挖扩底基础与掏挖直柱基础抗拔性能比较

1. 抗拔归一化荷载—位移曲线的比较及其工程应用

为比较戈壁掏挖扩底基础与掏挖直柱基础抗拔性能，以不同失效准则确定的极限承载力同 T_{L2} 的比值为 y 轴，以不同失效准则下基础承载力对应的上拔位移均值为 x 轴，可得到图 3－9 所示的掏挖扩底基础和掏挖直柱基础抗拔归一化荷载—位移曲线比较图。

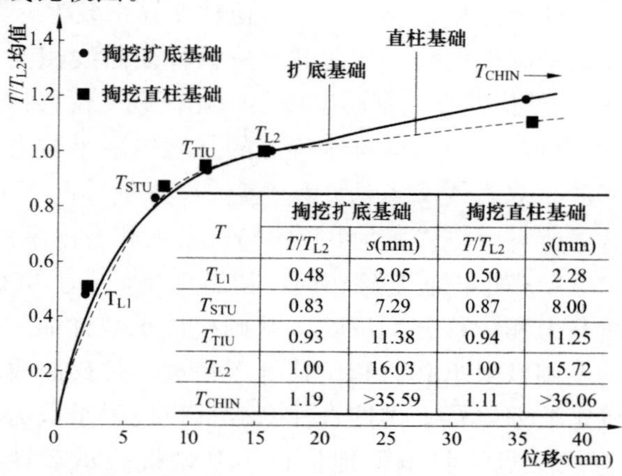

T	掏挖扩底基础		掏挖直柱基础	
	T/T_{L2}	s(mm)	T/T_{L2}	s(mm)
T_{L1}	0.48	2.05	0.50	2.28
T_{STU}	0.83	7.29	0.87	8.00
T_{TIU}	0.93	11.38	0.94	11.25
T_{L2}	1.00	16.03	1.00	15.72
T_{CHIN}	1.19	>35.59	1.11	>36.06

图 3－9　掏挖扩底基础和掏挖直柱基础抗拔归一化荷载—位移曲线比较图

图 3-9 表明，按 L_1—L_2 方法确定的掏挖扩底基础和掏挖直柱基础弹性极限荷载 T_{L1} 所对应的位移 s_{L1} 均值分别为 2.05 mm 和 2.28 mm，对应的 s_{L1}/s_{L2} 均值分别仅为 0.13 和 0.15。由此可见，上拔荷载作用下，戈壁掏挖扩底基础和掏挖直柱基础的抗拔弹性变形均较小。按 L_1—L_2 方法确定的掏挖扩底基础和掏挖直柱基础弹性极限荷载 T_{L1} 与塑性极限荷载 T_{L2} 的比值为 0.48 和 0.50，这表明工程设计中，如取戈壁掏挖基础抗拔设计安全系数为 2.0～3.0，则在设计荷载作用下，基础抗拔受力状态将处在弹性阶段。

总体上看，由于 L_1—L_2 方法选取基础抗拔荷载—位移曲线的初始弹性直线段终点荷载为弹性极限荷载，而选取破坏直线段起点荷载为基础塑性极限承载力，这既符合戈壁掏挖基础荷载—位移曲线的“缓变型”形态特征，也较好地反映了基础位移随荷载增加的变形速率特征。而且，掏挖扩底基础和掏挖直柱基础塑性极限荷载对应的位移 s_{L2} 平均值分别为 16.03mm 和 15.72mm，这也满足结构物位移小于 25mm 的一般要求。因此，采用 L_1—L_2 方法确定的塑性极限承载力 T_{L2} 可作为戈壁掏挖基础抗拔极限承载力和位移，可较好地反映了戈壁掏挖基础的抗拔承载性能。

此外，在实际试验工程中，往往因加载能力限制等原因而不能获得完整的荷载—位移曲线。此时，采用 L_1—L_2 方法确定的弹性极限荷载 T_{L1} 可进行不同失效准则下基础抗拔极限承载力预估。因为，对试验数据进一步分析表明，对戈壁掏挖扩底基础有 $T_{STU}=1.85\ T_{L1}$，$T_{TIU}=2.11\ T_{L1}$，$T_{L2}=2.30\ T_{L1}$，$T_{CHIN}=2.73\ T_{L1}$，而相应地对戈壁掏挖直柱基础有 $T_{STU}=1.70\ T_{L1}$，$T_{TIU}=1.99T_{L1}$，$T_{L2}=2.18T_{L1}$，$T_{CHIN}=2.45T_{L1}$。

2. 掏挖扩底基础与掏挖直柱基础抗拔性能差异及其原因分析

从图 3-9 可看出，在达到按初始直线斜率法确定的极限荷载 T_{STU} 前，掏挖扩底基础和掏挖直柱基础的抗拔性能几乎是完全一致的，这表明在图 3-2 中抗拔荷载—位移曲线的初始弹性直线段（*oa* 段）以及弹塑性曲线过渡段（*ab* 段）初期，掏挖扩底基础和掏挖直柱基础的抗拔性能无明显差别。但在 T_{STU} 和抗拔塑性极限荷载 T_{L2} 之间，掏挖直柱基础抗拔承载性能要略高于掏挖扩底基础，而当超过抗拔塑性极限荷载 T_{L2} 之后，掏挖扩底基础抗拔承载性能明显优于掏挖直柱基础，出现上述差别的主要原因在于两种基础类型抗拔承载机理的不同。对掏挖直柱基础而言，抗拔承载过程主要取决于基础立柱混凝土和戈壁土体之间的摩擦阻力，而掏挖扩底基础抗拔承载过程主要取决于戈壁土体滑动面的形成过程，以及在土体滑动面的形成过程中土体与土体之间的相互作用。

图 3-10 所示为上拔荷载作用下戈壁土扩底掏挖浅基础抗拔承载过程，其

抗拔承载机理可概括为“扩大端土体压缩挤密的弹性变形—基础周围土体弹塑性区形成和发展—土体整体剪切破坏”的渐进破坏过程。各阶段变形和承载特征如下：

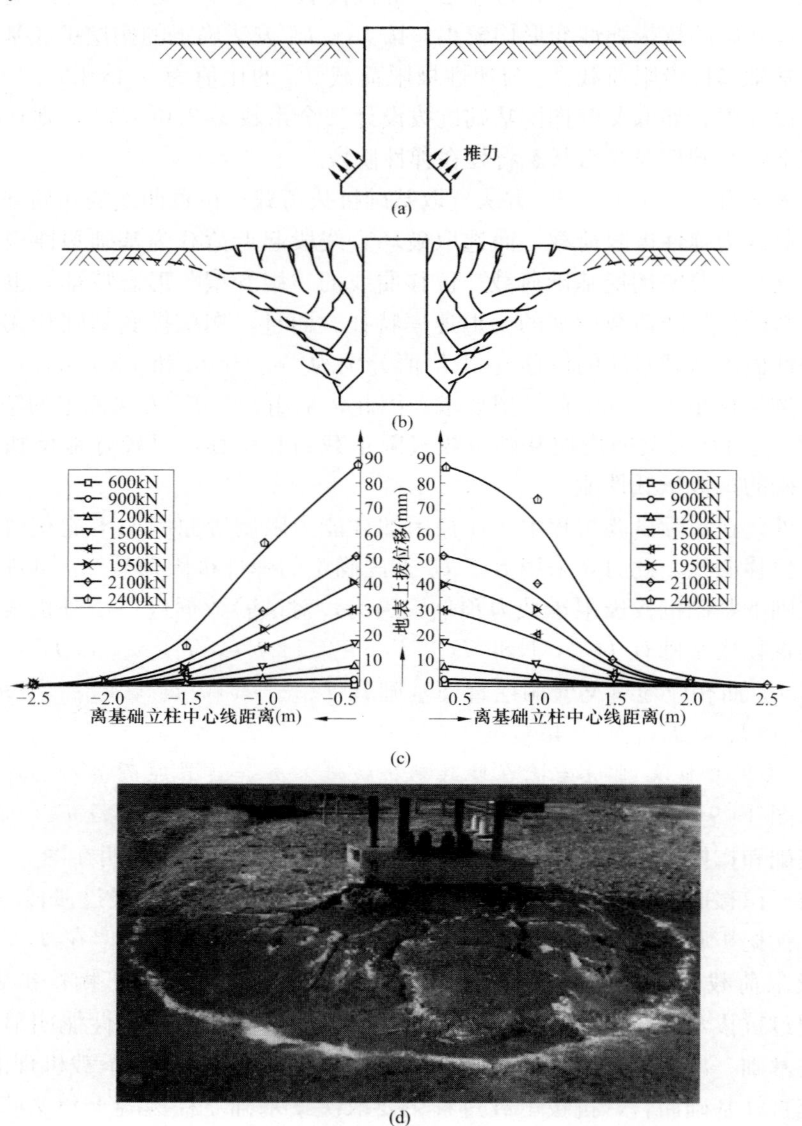

图 3-10　上拔荷载作用下戈壁土扩底掏挖浅基础抗拔承载过程

(a) 基础扩大端土体被压密；(b) 基础周围土体弹塑性区形成和发展；(c) 上拔荷载作用下基础周围地表位移变化；(d) 基础破坏时地表裂缝

（1）扩端土体压密的弹性阶段，对应于图 3－2 中荷载—位移曲线的初始弹性直线段（*oa* 段）。上拔加载初始阶段，荷载主要由基础自重和立柱侧摩阻承担，而扩大端承担的荷载小。随着上拔荷载继续增加，基础立柱段侧摩阻的承载作用逐渐下移，扩大端开始承载，基础底板上部土体被压密，基础上拔位移主要以土体压缩变形为主［见图 3－10（a）］。

（2）土体弹塑性变形曲线段，对应于图 3－2 中荷载—位移曲线的弹塑性曲线过渡段（*ab* 段）。随着上拔荷载不断增加，基础上拔位移随荷载呈非线性变化，位移速率明显增大，基础周围土体应力由弹性状态转为塑性状态，并发生剪切变形，土体塑性区开始出现并逐渐扩展，基础上拔位移由土体压缩变形和剪切变形组成，基础周围地表位移持续增加。如图 3－10（b）所示为土体弹塑性变形过程中基础周围土体弹塑性区形成和发展，而图 3－10（c）所示为上拔荷载作用下基础周围地表位移变化。

（3）塑性区贯通直至整体破坏的直线破坏段，对应于图 3－2 中荷载—位移曲线的直线破坏段（*bc* 段）。随上拔荷载持续增加，土体剪切变形不断加大，荷载位移曲线出现陡降，地表出现微裂缝并不断增大。当荷载接近或达到极限荷载时，地基裂缝迅速开展并贯通，形成较为完成的滑动面并延伸至地面，地表产生环状和放射状裂缝，地基整体剪切破坏［见图 3－10（d）］。在该阶段，位移随荷载增加的变化速率较大，较小的荷载增加就能产生非常大的位移增量，直至基础破坏。

因此，在 T_{STU} 和抗拔塑性极限荷载 T_{L2} 之间，随上拔位移的增大，掏挖直柱基础立柱混凝土和戈壁地基土体之间的摩擦阻力发挥作用要比掏挖扩底基础土体滑动面的形成过程中土体与土体之间的相互作用强；但当超过抗拔塑性极限荷载 T_{L2} 之后，掏挖直柱基础立柱混凝土和戈壁地基土体之间的摩擦阻力发挥几乎达到极限，而对于掏挖扩底基础，由于扩大端的作用，掏挖扩底基础土体滑动面全面形成，能够更加充分发挥基础周围土体抵抗上拔荷载，从而显现出更好的抗拔承载性能。

第四节　戈壁掏挖基础与灌注桩抗拔性能比较

Chen 等人先后在 2004、2008 和 2012 年对粗粒土和黏性土 2 种地基钻孔灌注桩的抗拔荷载—位移特性进行了大量的统计分析，表 3－13 所示为粗粒土和黏性土地基钻孔灌注抗拔桩统计信息，表 3－14 所示为得到的抗拔荷载—位移统计结果。

表 3-13　粗粒土和黏性土地基钻孔灌注抗拔桩统计信息

项目名称	桩长（m）	桩径（m）	桩长/桩径	塑性极限承载力 T_{L2}（kN）
变化范围	1.5～26.0	0.53～2.20	1.8～17.3	186～25 650
均值	8.08	1.08	7.43	5536
标准差	6.38	0.51	4.34	7138
变异系数	0.79	0.47	0.58	1.29

表 3-14　粗粒土和黏性土地基钻孔灌注抗拔桩抗拔荷载—位移统计结果

项目名称	粗粒土		黏性土	
	平均值	变异系数	平均值	变异系数
T_{L1}/T_{L2}	0.49	0.14	0.61	0.19
T_{STU}/T_{L2}	0.77	0.12	0.90	0.11
T_{CHIN}/T_{L2}	1.22	0.10	1.18	0.16
s_{L1}（mm）	2.70	0.39	1.90	0.64
s_{STU}（mm）	7.10	0.26	6.0	0.54
s_{L2}（mm）	18.2	0.32	12.1	0.63
s_{CHIN}（mm）	>29.7	0.65	>16.2	0.71

图 3-11 为戈壁地基掏挖扩底基础、掏挖直柱基础与钻孔灌注桩抗拔性能比较。为便于比较，图中标注了弹性极限承载力 T_{L1}、塑性极限承载力 T_{L2} 位置。T_{L1}/T_{L2} 反映了荷载—位移曲线中的弹塑性曲线过渡段大小，T_{L1}/T_{L2} 值越大，表明弹塑性曲线过渡段越短，反之亦然。

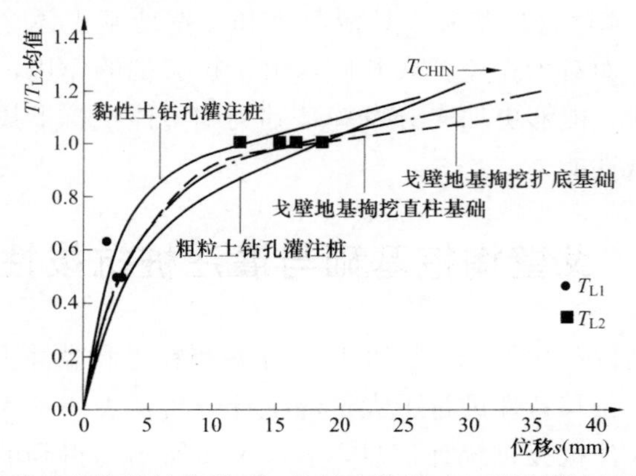

图 3-11　戈壁地基掏挖扩底基础、掏挖直柱基础与钻孔灌注桩抗拔性能比较

图 3-11 表明，戈壁地基掏挖扩底基础抗拔荷载—位移特性介于粗粒土钻孔灌注桩和黏性土钻孔灌注桩之间。相比较而言，黏性土钻孔灌注桩荷载—位移曲线中弹塑性曲线过渡段最短，戈壁地基掏挖扩底基础与粗粒土钻孔灌注桩荷载—位移线中弹塑性曲线过渡段大致接近。弹性极限承载力 T_{L1} 对应的位移平均值变化范围为 1.90～2.70mm，而塑性极限承载力 T_{L2} 对应的位移平均值变化范围为 12.1～18.2mm，黏性土钻孔灌注桩最小，戈壁地基掏挖扩底基础次之，粗粒土钻孔灌注桩最大。

上述比较结果表明，戈壁地基掏挖扩底浅基础抗拔承载性能良好，其原因有 3 个方面：①戈壁原状土因盐分胶结作用具有较好的抗剪承载能力；②戈壁碎石土开挖后，坑壁粗糙，混凝土基础与戈壁土接触面咬合作用显著，上拔荷载作用下，戈壁土和掏挖扩底基础相互作用、共同承载能力较好；③基础扩大端能发挥更多的上覆戈壁原状土抵抗上拔外荷载。

第四章

戈壁掏挖扩底基础抗拔承载力计算与抗拔设计可靠度分析

第一节 戈壁掏挖扩底基础抗拔承载力影响因素分析

正交试验设计方法是利用正交表研究由多种因素决定某特定指标规律的一种数理统计方法，能根据较少的试验次数所获得的试验结果，采用极差直观分析和方差分析方法，找到所研究对象的特定规律。

如第二章所述，为研究戈壁掏挖扩底基础抗拔承载力影响因素，分别选取深径比 λ、基底扩展角 θ 和立柱直径 d 三个因素，每因素取 3 个试验水平，分别在 XJ - ERD、GS - GTX、GS - SDX 和 GS - JCB 共 4 个场地进行了基础抗拔承载性能正交试验，下面将基于上述 4 个场地的正交试验结果，对戈壁掏挖扩底基础抗拔承载力影响因素进行分析。由于采用 L_1-L_2 方法确定戈壁掏挖扩底抗拔极限承载力和位移可较好地反映戈壁土掏挖扩底抗拔承载性能，因此，正交试验分析中，取 L_1-L_2 方法确定的 T_{L2} 作为戈壁掏挖扩底基础抗拔极限承载力试验值。

一、极差直观分析

用 T_{L2}^i 表示给定场地正交试验结果，$i=1，2，3，\cdots，9$。假设 K_1^λ，K_2^θ 和 K_3^d 分别表示影响因素 λ、θ 和 d 各水平相应的 3 次抗拔试验极限承载力之和，其对应的抗拔极限承载力平均值分别记为 $\overline{K}_1^\lambda$，$\overline{K}_2^\theta$ 和 $\overline{K}_3^d$。

采用 R 表示 $\overline{K}_1^\lambda$，$\overline{K}_2^\theta$ 和 $\overline{K}_3^d$ 的极差。根据各列极差大小来衡量试验中相应因素作用的大小。极差大的因素，说明 3 个因素中其对基础抗拔极限承载所造成的差别大，通常是重要的影响因素，而极差小的因素，则往往是次要因素。

根据表 3 - 1 和表 3 - 2 中 XJ - ERD、GS - GTX、GS - SDX 和 GS - JCB 四个场地正交试验基础极限抗拔承载力 T_{L2} 值，得到各场地正交试验结果的极差与方差计算结果分别如表 4 - 1～表 4 - 4 所示。

按照试验极差的大小顺序，得到戈壁地基浅埋扩底基础抗拔极限承载力影

响因素的主次顺序为：深径比 λ→基底扩展角 θ →立柱直径 d。

表 4-1　　XJ-ERD 场地正交试验结果的极差与方差计算结果

因素及参数	λ	θ (°)	d(m)	结果	T_{L2} (kN)
	1	2	3	4	
1 (2/KT1)	1 (1.5)	1 (15)	1 (0.8)	1	761
2 (2/KT2)	1 (1.5)	2 (25)	2 (1.0)	2	904
3 (2/KT3)	1 (1.5)	3 (40)	3 (1.2)	3	2637
4 (2/KT4)	2 (2.5)	1 (15)	2 (1.0)	3	1895
5 (2/KT5)	2 (2.5)	2 (25)	3 (1.2)	1	3300
6 (2/KT6)	2 (2.5)	3 (40)	1 (0.8)	2	3355
7 (2/KT7)	3 (3.5)	1 (15)	3 (1.2)	2	6561
8 (2/KT8)	3 (3.5)	2 (25)	1 (0.8)	3	4228
9 (2/KT9)	3 (3.5)	3 (40)	2 (1.0)	1	8490
K_1^{λ}	4302	9217	8344.0	12 551	$\overline{T}_{L2}=3570.1$
K_2^{θ}	8550	8432	11 289.0	10 820	
K_3^{d}	19 279	14 482	1 2498.0	8760	
$\overline{K}_1^{\lambda}$	1434.0	3072.3	2781.3	4183.7	
$\overline{K}_2^{\theta}$	2850.0	2810.7	3763.0	3606.7	
$\overline{K}_3^{d}$	6426.3	4827.3	4166.0	2920.0	
R	4992	2017	1385	1264	
S	39 718 608	7 215 439	3 043 380	2 401 294	

表 4-2　　GS-GTX 场地正交试验结果的极差与方差计算结果

因素及参数	λ	θ (°)	d (m)	结果	T_{L2} (kN)
	1	2	3	4	
1 (1/KT1)	1 (1.5)	1 (10)	1 (0.8)	1	450
2 (1/KT2)	1 (1.5)	2 (20)	2 (1.2)	2	1326
3 (1/KT3)	1 (1.5)	3 (30)	3 (1.6)	3	2875
4 (1/KT4)	2 (2.5)	1 (10)	2 (1.2)	3	2349
5 (1/KT5)	2 (2.5)	2 (20)	3 (1.6)	1	6251
6 (1/KT6)	2 (2.5)	3 (30)	1 (0.8)	2	2203
7 (1/KT7)	3 (3.5)	1 (10)	3 (1.6)	2	7428
8 (1/KT8)	3 (3.5)	2 (20)	1 (0.8)	3	3667

续表

因素及参数	λ	$\theta(°)$	d(m)	结果	T_{L2} (kN)
	1	2	3	4	
9 (1/KT9)	3 (3.5)	3 (30)	2 (1.2)	1	7286
K_1^λ	4651	10 227	6320.0	13 987	$\overline{T}_{L2}=3759.4$
K_2^θ	10 803	11 244	10 961.0	10 957	
K_3^d	18 381	12 364	16 554.0	8891	
$\overline{K}_1^\lambda$	1550.3	3409.0	2106.7	4662.3	
$\overline{K}_2^\theta$	3601.0	3748.0	3653.7	3652.3	
$\overline{K}_3^d$	6127.0	4121.3	5518.0	2963.7	
R	4577	712	3411	1699	
S	31 531 788	761 718	17 506 143	4 379 830	

表 4-3　　GS-SDX 场地正交试验结果的极差与方差计算结果

因素及参数	λ	$\theta(°)$	d(m)	结果	T_{L2} (kN)
	1	2	3	4	
1 (2/KT1)	1 (1.5)	1 (10)	1 (0.8)	1	361
2 (2/KT2)	1 (1.5)	2 (20)	2 (1.2)	2	1097
3 (2/KT3)	1 (1.5)	3 (30)	3 (1.6)	3	3659
4 (2/KT4)	2 (2.5)	1 (10)	2 (1.2)	3	2349
5 (2/KT5)	2 (2.5)	2 (20)	3 (1.6)	1	6251
6 (2/KT6)	2 (2.5)	3 (30)	1 (0.8)	2	2768
7 (2/KT7)	3 (3.5)	1 (10)	3 (1.6)	2	7428
8 (2/KT8)	3 (3.5)	2 (20)	1 (0.8)	3	3395
9 (2/KT9)	3 (3.5)	3 (30)	2 (1.2)	1	7286
K_1^λ	5117	10 244	6532.0	16 400	$\overline{T}_{L2}=3843.8$
K_2^θ	12 526	11 909	12 076.0	11 399	
K_3^d	19 567	15 057	18 602.0	9411	
$\overline{K}_1^\lambda$	1705.7	3414.7	2177.3	5466.7	
$\overline{K}_2^\theta$	4175.3	3969.7	4025.3	3799.7	
$\overline{K}_3^d$	6522.3	5019.0	6200.7	3137.0	
R	4817	1604	4023	2330	
S	34 807 940	3 983 011	24 334 390	8 645 363	

表 4-4　　　　GS-JCB 场地正交试验结果的极差与方差计算结果

因素及参数	λ	θ (°)	d (m)	结果	T_{L2} (kN)
	1	2	3	4	
1 (3/KT1)	1 (1.5)	1 (10)	1 (0.8)	1	576
2 (3/KT2)	1 (1.5)	2 (20)	2 (1.2)	2	1668
3 (3/KT3)	1 (1.5)	3 (30)	3 (1.6)	3	4524
4 (3/KT4)	2 (2.5)	1 (10)	2 (1.2)	3	3246
5 (3/KT5)	2 (2.5)	2 (20)	3 (1.6)	1	8273
6 (3/KT6)	2 (2.5)	3 (30)	1 (0.8)	2	3211
7 (3/KT7)	3 (3.5)	1 (10)	3 (1.6)	2	8150
8 (3/KT8)	3 (3.5)	2 (20)	1 (0.8)	3	4260
9 (3/KT9)	3 (3.5)	3 (30)	2 (1.2)	1	8571
K_1^λ	6768	11786	7531.0	16480	$\overline{T}_{L2}=4719.9$
K_2^θ	13790	12745	13485.0	12843	
K_3^d	20279	16306	19821.0	11514	
$\overline{K}_1^\lambda$	2256.0	3928.7	2510.3	5493.3	
$\overline{K}_2^\theta$	4596.7	4248.3	4495.0	4281.0	
$\overline{K}_3^d$	6759.7	5435.3	6607.0	3838.0	
R	4504	1507	4097	1655	
S	30 440 303	3 781 200	25 182 124	4 406 130	

二、方差分析

（1）用总偏差平方和（S_T）描述数据的总波动，总变差产生的原因为试验误差和条件误差

$$S_T = \sum_{i=1}^{n} (T_{L2}^i - \overline{T}_{L2})^2 \tag{4-1}$$

式中　$\overline{T}_{L2}$——某试验场地正交试验基础的试验结果的平均值；

T_{L2}^i——某试验场地各试验基础抗拔极限承载力值；

n——试验基础个数，$n=9$。

$$\overline{T}_{L2} = \frac{1}{n}\sum_{i=1}^{n} T_{L2}^i \tag{4-2}$$

（2）条件变差是由于正交试验因素 λ、θ 和 d 不同而引起的变差，记 S_λ、S_θ、S_d依次为因素 λ、θ 和 d 的偏差平方和，以反映相应因素 λ、θ 和 d 水平的

不同所引起的数据波动的变化

$$S_\lambda = r_\lambda \sum_{i=1}^{r_\lambda} (\overline{K}_i^\lambda - \overline{T}_{L2})^2 \tag{4-3}$$

$$S_\theta = r_\theta \sum_{i=1}^{r_\theta} (\overline{K}_i^\theta - \overline{T}_{L2})^2 \tag{4-4}$$

$$S_d = r_d \sum_{i=1}^{r_d} (\overline{K}_i^d - \overline{T}_{L2})^2 \tag{4-5}$$

式中　r_λ——因素 λ 试验重复次数，$r_\lambda=3$；

r_θ——因素 θ 试验重复次数，$r_\theta=3$；

r_d——因素 d 试验重复次数，$r_d=3$。

（3）试验变差。表4-1～表4-4中的第4列是用来反映误差造成的数据波动，其极差、方差计算同因素 λ、θ 和 d 计算。

（4）计算均方差。记 $\overline{S_\lambda}$、$\overline{S_\theta}$ 和 $\overline{S_d}$ 分别为正交试验因素深径比 λ、基底扩展角 θ 和立柱直径 d 试验条件不同而引起的均方差。记 $\overline{S_e}$ 为误差的均方差

$$\overline{S_\lambda} = S_\lambda / f_\lambda \tag{4-6}$$

$$\overline{S_\theta} = S_\theta / f_\theta \tag{4-7}$$

$$\overline{S_d} = S_d / f_d \tag{4-8}$$

$$\overline{S_e} = S_e / f_e \tag{4-9}$$

式中　f_λ——因素 λ 的自由度，等于相应因素水平数减1，$f_\lambda=2$；

f_θ——因素 θ 的自由度，等于相应因素水平数减1，$f_\theta=2$；

f_d——因素 d 的自由度，等于相应因素水平数减1，$f_d=2$；

f_e——误差自由度，$f_e=2$。

判别因素主次原则是比较它们的均方差，均方差大的是主要因素，小的是次要因素。

（5）因素显著性检验。因素显著性检验就是判断因素水平变化时对指标的影响是否显著，把 $F_i=\dfrac{\overline{S_i}}{\overline{S_e}}$ 作为检验因素显著性的标准，称为 F 检验。

F_i 计算值与不同显著性水平（置信度）值比较结果，有4种情况：

1）$F_i > F_{0.01}$，因素影响特别显著；

2）$F_{0.01} \geqslant F_i > F_{0.05}$，因素影响显著；

3）$F_{0.05} \geqslant F_i > F_{0.1}$，因素有一定影响；

4）$F_{0.1} \geqslant F_i$，表示看不出因素影响程度。

各场地正交试验方差分析结果如表4-5所示。

表 4-5　　各场地正交试验方差分析结果

试验地点	方差来源	平方和	自由度	均方差	F 值	临界点
XJ-ERD	λ	S_{λ}=39 718 608	2	19 859 304	16.5	$F_{0.01}(2,2)$=99.0
	θ	S_{θ}=7 215 439	2	3 607 719.5	3.0	$F_{0.05}(2,2)$=19.0
	d	S_{d}=3 043 380	2	1 521 690	1.3	$F_{0.1}(2,2)$=9.0
	试验误差 e	S_{e}=2 401 294	2	1 200 647	—	$F_{0.2}(2,2)$=2.9
	总和 S_T	S_{T}=52 378 721	8	26 189 361	—	—
GS-GTX	λ	S_{λ}=31 531 788	2	15 765 894	7.2	$F_{0.01}(2,2)$=99.0
	θ	S_{θ}=761 718	2	380 859	0.2	$F_{0.05}(2,2)$=19.0
	d	S_{d}=17 506 143	2	8 753 071.5	4.0	$F_{0.1}(2,2)$=9.0
	试验误差 e	S_{e}=4 379 830	2	2 189 915	—	$F_{0.2}(2,2)$=2.9
	总和 S_T	S_{T}=54 179 478	8	27 089 739	—	—
GS-SDX	λ	S_{λ}=34 807 940	2	17 403 970	4.0	$F_{0.01}(2,2)$=99.0
	θ	S_{θ}=3 983 011	2	1 991 505.5	0.5	$F_{0.05}(2,2)$=19.0
	d	S_{d}=24 334 390	2	12 167 195	2.8	$F_{0.1}(2,2)$=9.0
	试验误差 e	S_{e}=8 645 363	2	43 226 81.5	—	$F_{0.2}(2,2)$=2.9
	总和 S_T	S_{T}=71 770 704	8	35 885 352	—	—
GS-JCB	λ	S_{λ}=30 440 303	2	15 220 152	6.9	$F_{0.01}(2,2)$=99.0
	θ	S_{θ}=3 781 200	2	1 890 600	0.9	$F_{0.05}(2,2)$=19.0
	d	S_{d}=25 182 124	2	12 591 062	5.7	$F_{0.1}(2,2)$=9.0
	试验误差 e	S_{e}=4 406 130	2	2 203 065	—	$F_{0.2}(2,2)$=2.9
	总和 S_T	S_{T}=63 809 756	8	31 904 878	—	—

由表 4-5 可看出，深径比、基底扩展角和立柱直径均不是显著因素，影响因素的主次顺序为：深径比(λ)→基底扩展角(θ)→立柱直径(d)，这与极差直观分析结果相同。

通过对试验结果的极差和方差分析，结果表明，戈壁原状土掏挖基础抗拔极限承载力与基础立柱直径、深径比、基底扩展角均有关系。戈壁原状土掏挖基础抗拔极限承载力敏感性由大到小依次为：深径比、基底扩展角和立柱直径，且极差直观分析和方差分析结果一致。

第二节　抗拔基础承载力计算的常用方法

国内外工程实践中，抗拔基础类型大致可分为两大类：一是截面不随深度变化的直轴型基础，如打入桩、直埋式基础等；二是下部扩大的底板式基础，如掏挖扩底基础、掏挖扩底桩基础等。

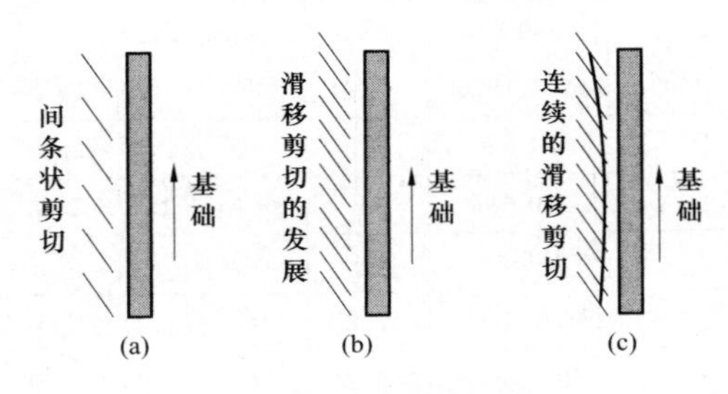

图 4－1　抗拔直柱基础侧表面附近土体中剪切破坏的形成
(a) 间条状剪切；(b) 滑移剪切的发展；(c) 连续的滑移剪切

等截面直柱基础竖向抗拔力主要由直柱与其周围土体的摩擦阻力来提供，基础埋深大，多属于深基础。这类深基础的抗拔和抗压性能已有广泛研究，图 4－1所示为抗拔直柱基础侧表面附近土体中剪切破坏的形成，即沿基础与土体接触面发生土柱形剪切破坏。

上拔荷载加载初期，基础周围土体中出现间条状剪切面，如图 4－1 (a) 所示，基础不会沿接触面产生较大的滑移运动。随着外力继续增加，土中出现滑移剪切，基础产生较大滑移，如图 4－1 (b) 所示。这种滑移剪切最终随荷载持续增加迅速发展成连续滑移，如图 4－1 (c) 所示，破坏面靠近土体和基础交界面，呈柱状形态。但某些情况下，在形成连续滑移剪切破坏面之前，间条状剪切面也会直接导致基础破坏，此时将产生混合式破坏面，即在靠近地面形成一倒锥形破坏面，而在下部是一个圆柱形剪切面。

近年来，随着基础施工技术的发展，变截面基础和扩底基础已被广泛用作建筑物的抗拔基础型式，其优点在于利用扩大端提高基础抗拔承载能力。以架空输电线路工程为例，开挖回填类扩展基础和原状土掏挖扩底基础是常用杆塔基础类型，这些基础埋深一般相对较浅，但基础底部扩大端能有效地提高基础抗拔承载力。上拔荷载作用下，根据扩底基础抗拔深度（h_t）和基础扩大端底板直径或边长（D）比值（h_t/D）的不同，抗拔土体滑动面形状有 2 种形态，可分为深基础和浅基础 2 种破坏模式（见图 4－2）。

图 4－2 所示为扩底基础抗拔破坏模式，图中基础极限抗拔承载力随深度变化的曲线在埋深 $h_t=h_c$时出现不连续点，h_c 通常被称为划分浅基础和深基础的临界埋置深度。当 $h_t \leqslant h_c$时为浅基础，上拔荷载作用下，抗拔土体的直线型或曲线型滑动面将一直延伸到地表，基础抗拔极限承载力随埋深 h_t 的增加而提高；而当 $h_t > h_c$时为深基础，上拔荷载作用下，临界埋深 h_c 以上抗拔土体呈直线型或曲线型滑动面，并一直延伸到地面，而在临界埋深 h_c 以下的（h_t-h_c）段，抗拔土体呈柱状滑动面。当基础埋深 $h_t > h_c$时，基础抗拔极限承载力随深

度增加而提高的速率明显小于 $h_t \leqslant h_c$ 阶段。我国电力行业标准及国外相关研究成果均表明，基础抗拔临界埋深 $h_c=(3\sim4)D$。

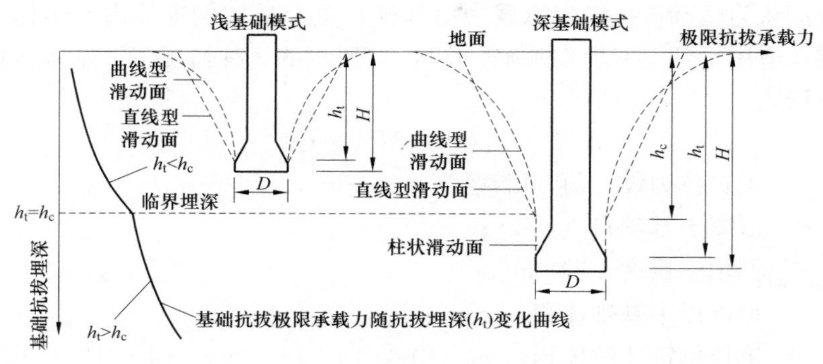

图 4－2　扩底基础抗拔破坏模式

从表 2－2～表 2－3 可看出，试验中掏挖扩底基础的深径比 λ 的变化范围为 1.50～3.50。由此可见，所有掏挖扩底试验基础均为浅基础。浅基础抗拔承载性能及其承载理论计算研究始于 20 世纪 60 年代，大多集中于基础抗拔土体破坏机理及土体破坏面形状的确定。目前，抗拔基础承载力计算主要可分为土重法、土压力法和剪切法 3 种理论类型。

一、土重法

土重法抗拔承载力计算模型如图 4－3 所示，属于经验性方法，其假设抗拔土体滑动破裂面为倒锥体。当 $h_t \leqslant h_c$ 时，抗拔土体滑动破裂面仅为倒锥面，如图 4－3（a）所示；而当 $h_t > h_c$ 时，抗拔土体滑动破裂面由临界埋深以下的柱状面和临界埋深以上倒锥面组成，如图 4－3（b）所示。图 4－3中，B 为基础

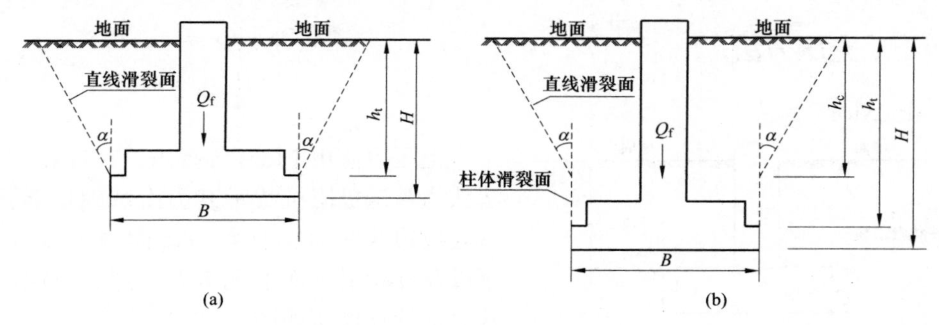

图 4－3　土重法抗拔承载力计算模型

(a) $h_t \leqslant h_c$；(b) $h_t > h_c$

底板边长，m；H 为基础埋深，m；α 为抗拔倒锥体侧表面直线与垂直面的夹角，称为上拔角，(°)，其大小与土质类型有关。

土重法认为基础抗拔极限承载力由基础自重及抗拔倒锥体内的土体重量两部分组成，适用于开挖回填类基础。图 4－3 所示的 2 种情况下，基础抗拔承载力设计值按式（4－10）计算

$$T=\gamma_s(V_t-V_0)+Q_f \tag{4-10}$$

式中 T——上拔抗力设计值，kN；

Q_f——混凝土基础自重，kN；

γ_s——回填土重度，kN/m^3；

V_0——地面以下基础体积，m^3；

V_t——抗拔倒锥体的体积，m^3，由式（4－11）或式（4－12）确定。

当 $h_t \leqslant h_c$ 时

$$V_t=h_t(B^2+2Bh_t\tan\alpha+\frac{4}{3}h_t^2\tan^2\alpha) \tag{4-11}$$

当 $h_t > h_c$ 时

$$V_t=h_c(B^2+2Bh_c\tan\alpha+\frac{4}{3}h_c^2\tan^2\alpha)+B^2(h_t-h_c) \tag{4-12}$$

DL/T 5219—2005《架空送电线路基础设计技术规定》给出了不同类型抗拔土体的上拔角取值，如表 4－6 所示。

表 4－6　　不同类型抗拔土体的上拔角取值

土体类型	黏土及粉质黏土			粉土			砂土			
	坚硬、硬塑	可塑	软塑	密实	中密	稍密	砾砂	粗、中砂	细砂	粉砂
上拔角（°）	25	20	10	25	20	10～15	30	28	26	22

二、土压力法

1. Mors 方法

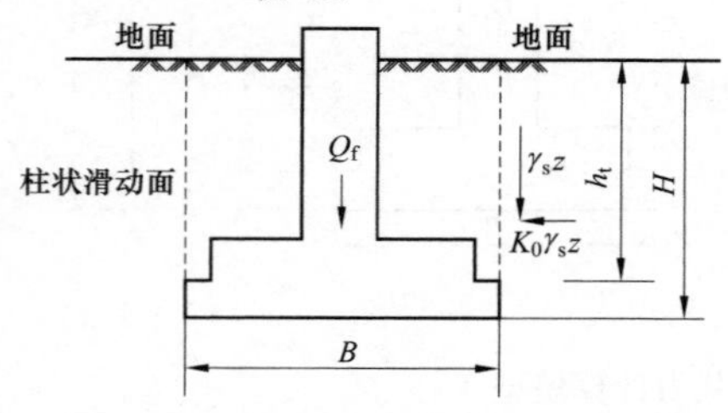

图 4－4　Mors 方法力学计算模型

土压力法由 Mors 等提出，该计算方法认为基础极限抗拔承载力由基础自重、沿底板边缘垂直向柱状滑动面内土体自重以及柱状滑动面上土压力 3 部分组成，其力学计算模型如图 4－4 所示。

根据 Mors 方法力学计算模型，基础抗拔承载力极限值由式（4－13）确定

$$T = \gamma_s(V_t - V_0) + Q_f + F \tag{4-13}$$

式中 F 为柱状滑动面上的摩擦力，由式（4-14）确定

$$\begin{cases} V_t = B^2 D \\ F = 2K_0 \gamma_s B D^2 \tan\varphi \end{cases} \tag{4-14}$$

式中 K_0——静止土压力系数；

φ——抗拔土体内摩擦角，（°）。

2. Meyerhof-Adams 方法

Meyerhof 和 Adams 则根据沙和黏土抗拔基础模拟试验结果，提出了基于土压力法的基础抗拔极限承载力半经验计算方法。

Meyerhof-Adams 方法采用圆柱滑动面法代替在模型试验中观察到的喇叭形倒锥台滑动面，将实际观察到的滑动面为破坏面，而称简化后的竖直圆柱形滑动面为剪切面，二者之间用竖直剪切面上土压力上拔标定系数 K_u 联系起来，其力学计算模型如图 4-5 所示。

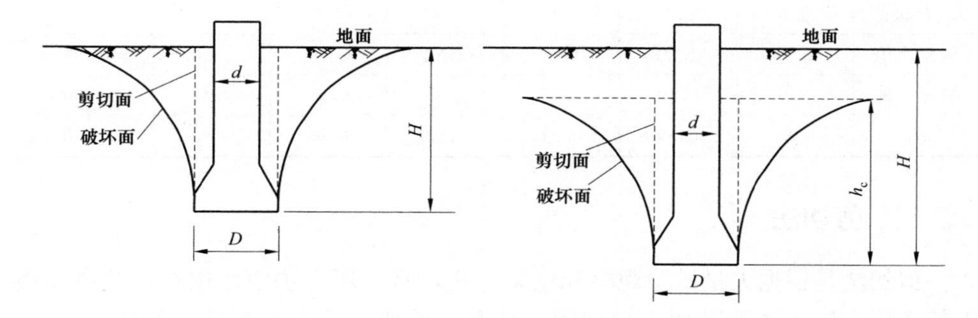

图 4-5 Meyerhof-Adams 方法力学计算模型

基础抗拔极限承载力由式（4-15）确定

$$\begin{cases} T_{up} = W_f + W_s + \pi D H c + \dfrac{\pi}{2} s_f D \gamma_s H^2 K_u \tan\varphi \quad (H \leqslant h_c) \\ T_{up} = W_f + W_s + \pi c D h_c + \dfrac{\pi}{2} s_f D \gamma_s (2H - h_c) h_c K_u \tan\varphi \quad (H > h_c) \end{cases} \tag{4-15}$$

式中 T_{up}——基础抗拔极限承载力，kN；

W_f——基础有效自重，kN；

W_s——剪切面所包含圆柱土体内有效自重，kN；

c——土体黏聚强度，kPa；

φ——土体内摩擦角，（°）；

γ_s——土体的有效重度，kN/m^3；

H——基础埋深，m；

D——基础扩大端直径，m；

h_c——临界深度，m。

根据内摩擦角 φ 的不同，Meyerhof - Adams 方法计算参数取值如表 4 - 2 所示。S_f 为圆柱体侧面上被动土压力大小的形状系数，由式（4 - 16）确定

$$s_f = 1 + \frac{MH}{D} \leqslant 1 + \frac{h_c}{D}M \tag{4-16}$$

式中 M——φ 的函数，可由表 4 - 7 查得。

K_u 可按式（4 - 17）计算

$$K_u = 0.496(\varphi)^{0.18} \tag{4-17}$$

表 4 - 7　　Meyerhof - Adams 方法计算参数取值

φ (°)	20	25	30	35	40	45	50
h_c/D 极值	2.5	3.0	4.0	5.0	7.0	9.0	11.0
S_f 最大值	1.12	1.30	1.60	2.25	3.45	5.50	7.60
M 最大值	0.05	0.10	0.15	0.25	0.35	0.50	0.60
K_u	0.85	0.89	0.91	0.94	0.96	0.98	1.00

三、剪切法

剪切法是根据大量试验观察和结果分析，将土压力法中作用在柱状滑动面上的土压力用土体滑动面上剪切阻力代替。剪切法认为，在极限平衡状态下，基础抗拔极限承载力由基础自重、土体滑动面所包含的土体重量以及滑动面上剪切阻力 3 部分组成。在基础抗拔剪切法计算理论中，Balla 方法和 Matsuo 方法在剪切法计算理论中最具有代表性。

1. Balla 方法

1961 年匈牙利学者 Balla 根据室内试验成果，提出了如图 4 - 6 所示的基础极限抗拔力计算模型。

Balla 方法中假设抗拔土体的滑动面子午线是一段圆弧，该圆弧从基础底板边缘的上部开始且与水平面呈 $\pi/2$ 夹角，当土体滑动面完全贯通时呈向外延伸的一段圆弧，在地面与水平面夹角为 $\pi/4-\varphi/2$，圆弧半径 r 由式（4 - 18）确定

$$r = \frac{H - t}{\sin(\pi/4 + \varphi/2)} \tag{4-18}$$

式中 H——基础埋深，m；

t——扩底端圆台高度，m；

φ——土体内摩擦角，(°)。

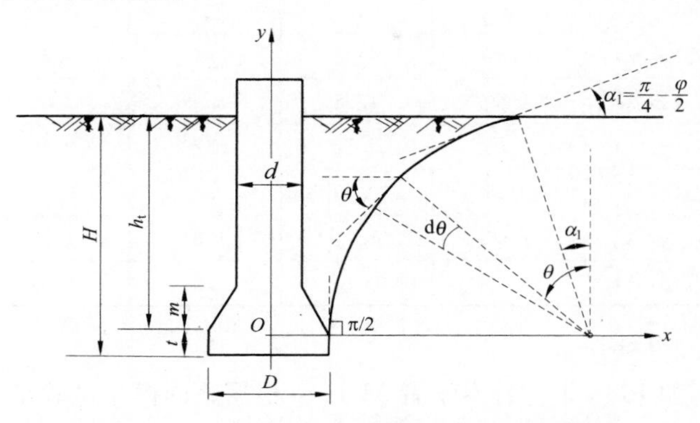

图 4－6　Balla 方法基础极限抗拔力计算模型

为简化计算，Balla 将滑动面内土体净重分两部分考虑：一部分为视基础混凝土和土体重度相同时，滑动面内土体净重 G_1；另一部分为同立柱、底板体积大小的混凝土重量与土体重量之差 G_2。由此得到的基础抗拔极限承载力可按式（4－19）计算确定

$$T_u=(H-t)^3\gamma_s\left[f_1(\varphi,\lambda)+\frac{c}{\gamma_s}\frac{1}{H-t}f_2(\varphi,\lambda)+f_3(\varphi,\lambda)\right]+G_2 \tag{4-19}$$

式中　γ_s——土体重度，kN/m^3；

c——土体黏聚强度，kPa；

φ——土体内摩擦角，(°)；

$f_1(\varphi,\lambda)$、$f_2(\varphi,\lambda)$ 和 $f_3(\varphi,\lambda)$——无因次计算系数，可查表 4－8。

表 4－8　Balla 方法中 $f_1(\varphi,\lambda)$、$f_2(\varphi,\lambda)$ 和 $f_3(\varphi,\lambda)$ 取值

计算参数		内摩擦角 φ (°)				
		0	10	20	30	40
λ=1	$f_1(\varphi,\lambda)$	1.29	1.35	1.41	1.47	1.53
	$f_2(\varphi,\lambda)$	3.96	4.07	4.06	3.70	3.13
	$f_3(\varphi,\lambda)$	0	0.30	0.59	0.83	0.94
λ=2	$f_1(\varphi,\lambda)$	0.50	0.54	0.58	0.62	0.66
	$f_2(\varphi,\lambda)$	2.39	2.50	2.58	2.42	2.12
	$f_3(\varphi,\lambda)$	0	0.17	0.33	0.48	0.56

续表

计算参数		内摩擦角 φ (°)				
		0	10	20	30	40
$\lambda=3$	$f_1(\varphi, \lambda)$	0.32	0.36	0.40	0.44	0.48
	$f_2(\varphi, \lambda)$	1.86	1.98	2.09	2.00	1.78
	$f_3(\varphi, \lambda)$	0	0.12	0.25	0.36	0.43
$\lambda=4$	$f_1(\varphi, \lambda)$	0.25	0.29	0.33	0.37	0.41
	$f_2(\varphi, \lambda)$	1.60	1.71	1.84	1.78	1.61
	$f_3(\varphi, \lambda)$	0	0.10	0.21	0.31	0.37

2. Matsuo 方法

在 1967 年和 1968 年，日本学者 Matsuo 根据室内模型试验结果，提出了如图 4－7 所示的基础极限抗拔力计算模型，该法已应用于日本输电线路杆塔基础设计标准 JEC－127《输电线路杆塔设计标准》中。

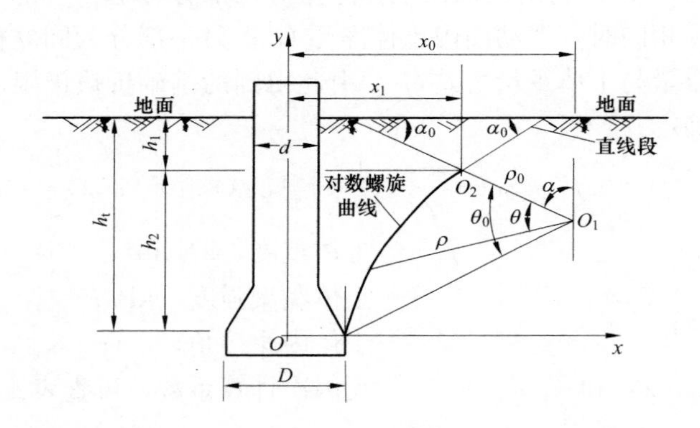

图 4－7 Matsuo 方法基础极限抗拔力计算模型

Matsuo 方法假设抗拔土体滑动面子午线由一段对数螺旋曲线（$\rho=\rho_0 e^{\theta\tan\varphi}$）及其切线段组成，且基础抗拔极限承载力 T_{up} 由基础自重、滑动面旋转体内土体自重及作用在滑动面上的剪切力垂直分量组成，基础抗拔极限承载力由式（4－20）确定

$$\begin{cases} T_{up} = G_f + \gamma_s(x_1^3 K_1 - V_{f0}) + c x_1^2 K_2 \\ K_1 = \pi[(a-1)(a^2F_1 + aF_2 + abF_3 + bF_4 + F_5) + b] \\ K_2 = \pi[(a-1)(aF_6 + F_7) + b(b\tan\alpha + 2)] \end{cases} \quad (4-20)$$

式中 G_f——基础自重，kN；

V_{f0}——基础在地面以下部分的体积，m^3；

x_1——滑裂面上对数螺旋线与直线段交点到 y 轴的水平距离，m；

γ_s——土体重度，kN/m^3；

c——土体黏聚强度，kPa；

$F_1 \sim F_7$——无因次计算系数，由土体内摩擦角 φ 和对数螺旋曲线中心角 θ_0 确定；可查表 4-9；

a、b——滑动面系数，可按式（4-21）计算。

表 4-9　　Matsuo 方法中无因次计算系数 $F_1 \sim F_7$ 取值

θ_0(°)	φ(°)	F_1	F_2	F_3	F_4	F_5	F_6	F_7
60	0	0.183	−1.366	0.134	−0.866	2.549	−0.862	3.594
	5	0.176	−1.342	0.100	−0.738	2.529	−0.938	3.664
	10	0.174	−1.355	0.063	−0.611	2.557	−1.038	3.790
	15	0.177	−1.407	0.020	−0.480	2.636	−1.172	3.984
	20	0.188	−1.511	−0.032	−0.341	2.779	−1.353	4.264
	25	0.208	−1.683	−0.098	−0.184	3.004	−1.603	4.662
	30	0.245	−1.959	−0.185	0	3.349	−1.958	5.226
	35	0.312	−2.406	−0.304	0.225	3.876	−2.479	6.043
55	40	0.467	−2.904	−0.326	0.243	4.138	−2.612	6.013
	45	0.703	−4.012	−0.523	0.569	5.242	−3.578	7.444

$$\begin{cases} a = \dfrac{x_0}{x_1} = \dfrac{1+\alpha_3\lambda_0}{1+\alpha_2\lambda_0} \\ b = \dfrac{h_1}{x_1} = \dfrac{\alpha_1\lambda_0}{1+\alpha_2\lambda_0} \end{cases} \tag{4-21}$$

式中　x_0——基础中心到对数螺旋线中心的距离，m；

h_1——为数螺旋线与直线交点到地面的距离 $h_1 = ah_t$，m；

λ_0，α_1，α_2，α_3——计算参数，分别由式（4-22）确定

$$\begin{cases} \lambda_0 = 2\left(\dfrac{h_t}{D}\right) \\ \alpha_1 = \dfrac{\cos\alpha}{\sin\theta_0}\left\{\sin(\alpha+\theta_0) - \dfrac{\sin\alpha}{e^{\theta_0 \tan\varphi}}\right\} \\ \alpha_2 = \alpha_1 \tan\alpha = \dfrac{\sin\alpha}{\sin\theta_0}\left\{\sin(\alpha+\theta_0) - \dfrac{\sin\alpha}{e^{\theta_0 \tan\varphi}}\right\} \\ \alpha_3 = \dfrac{\sin\alpha\sin(\alpha+\theta_0)}{\sin\theta_0} \end{cases} \tag{4-22}$$

式中，$\alpha=\pi/2-\varphi/2$。

综合比较上述3种浅基础抗拔承载力计算理论可看出：

(1) 土重法属于经验性方法，其原理简单，计算方便，但该法中上拔角是一个经验性参数，没有考虑土体自身的抗剪切承载性能。

(2) Mors土压力法和Meyerhof-Adams方法计算理论均是基于土压力计算理论的基础抗拔承载力半经验方法，Meyerhof-Adams方法虽采用圆柱滑动面代替试验中观察到的喇叭形倒锥台滑动面，但也没有考虑土体自身的抗剪切承载性能。

(3) Balla方法和Matsuo方法计算理论均认为极限平衡状态下，基础抗拔极限承载力由基础自重、滑动面所包含的土体重量以及滑动面上剪切阻力3部分组成。Balla方法和Matsuo方法均采用经典土力学中的Mohr-Coulomb强度准则，根据极限平衡状态下静力平衡方程，确定滑动面上的应力状态基本方程，滑动面上抗拔土体应力状态满足KÖtter方程。在此基础上，根据土体滑移线场理论，引入不同抗拔土体滑动面形态方程，将滑动面剪应力沿滑动面旋转体进行积分计算后得到滑动面上剪切阻力。但上述理论均基于沙土地基抗拔基础的室内模型试验而得到，对具有较强胶结作用的戈壁原状土掏挖扩底基础可能不再适用。

第三节　戈壁掏挖扩底基础抗拔极限承载力计算

一、极限状态抗拔土体滑动面数学模型

假设戈壁原状土体在极限平衡状态下的滑动面子午线形态也为一段圆弧形，戈壁掏挖扩底基础抗拔土体圆弧滑动面模型如图4-8所示，该圆弧方程式由(4-23)确定

$$\begin{cases} r=\dfrac{h_t}{\cos\left(\dfrac{\pi}{4}-\dfrac{\varphi}{2}\right)-\sin\alpha} \\ \alpha=\left(\dfrac{\pi}{4}+\dfrac{\varphi}{2}\right)\left(\dfrac{D}{2h_t}\right)^n \\ \alpha_1=\dfrac{\pi}{4}-\dfrac{\varphi}{2} \\ \alpha_2=\dfrac{\pi}{2}-\alpha \end{cases} \tag{4-23}$$

式中　r——圆弧曲面半径，m；

h_t——基础抗拔深度，m；

φ——抗拔土体内摩擦角，(°)；

α——表示半径 r 随 h_t/D 而变化的特征，rad；

n——抗拔土体滑动面形态参数，随土体的物理力学特性变化而异，宜根据试验确定，对戈壁地基取 $n=1$；

α_1——圆弧曲面在水平地面处与水平面夹角，rad；

α_2——圆弧曲面在底板处与水平面夹角，rad。

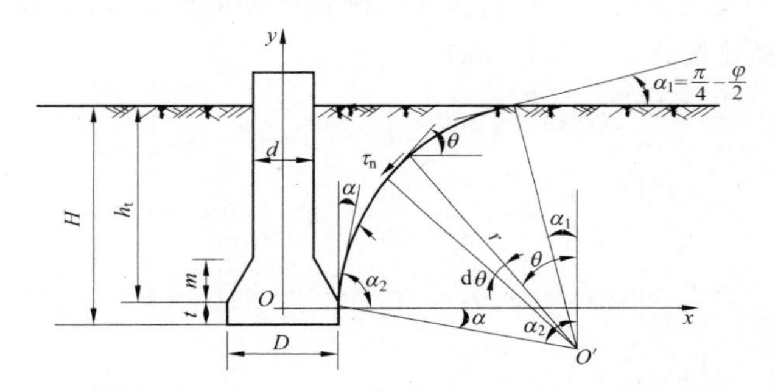

图 4－8　戈壁掏挖扩底基础抗拔土体圆弧滑动面模型

二、抗拔极限承载力理论计算

抗拔极限平衡状态下，戈壁地基与基础间相互作用的受力状态如图 4－9 所示。由图可知，基础抗拔极限承载力由基础混凝土自重、抗拔土体圆弧滑动面（ABCD）旋转体内抗拔土体重量以及滑动面上剪切阻力垂直投影分量 3 部分组成

$$T_{up}=G_f+G_s+T_v \qquad (4-24)$$

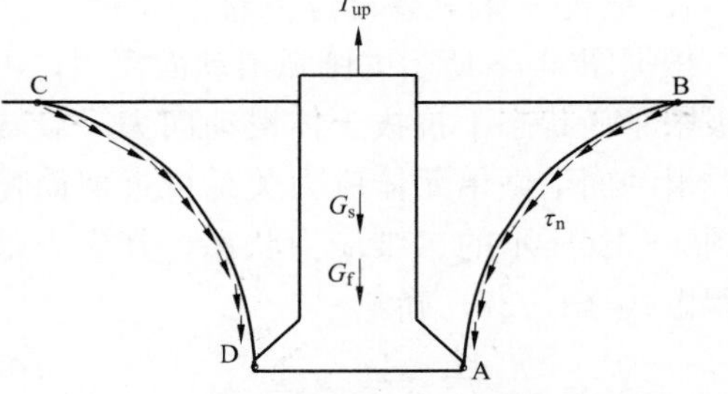

图 4－9　抗拔极限平衡状态下戈壁地基与基础间相互作用的受力状态

式中　T_{up}——基础抗拔极限承载力理论计算值，kN；

G_f——基础混凝土自重，由基础混凝土体积 V_f 及其容重 γ_f 确定，$G_f=\gamma_f V_f$；

G_s——滑动面 ABCD 旋转体内抗拔土体自重，kN；

T_v——抗拔土体滑动面剪切阻力垂直投影分量，kN。

（一）滑动面内抗拔土体自重

根据图 4－8 所示的圆弧滑动面模型，首先将地面以下抗拔深度 h_t 范围内基础混凝土视为抗拔土体，计算得到滑动面旋转体的体积及其对应土体重量，然后再扣除与抗拔深度 h_t 范围内基础混凝土体积相同的那部分土体重量。由此，滑动面内土体自重 G_s 由式（4－25）确定

$$G_s = F_1(\varphi,\lambda)\gamma_s h_t^3 - \gamma_s V_{f_0} \tag{4-25}$$

式中 V_{f_0}——地面以下抗拔深度 h_t 范围内基础混凝土体积，m^3；

$F_1(\varphi, \lambda)$——无因次参数，根据抗拔土体圆弧滑动面形态、内摩擦角和基础深径比按式（4－26）确定。

$$\begin{aligned} F_1(\varphi,\lambda) = {} & \pi\left(\frac{1}{4\lambda^2} + \frac{1}{\lambda}\zeta\cos\alpha + \zeta^2\cos^2\alpha\right) \\ & - \frac{1}{4}\pi\zeta^2\left(\frac{1}{\lambda} + 2\zeta\cos\alpha\right)\left(\frac{\pi}{2} - 2\alpha + \varphi - \sin2\alpha + \cos\varphi\right) \\ & - \frac{1}{3}\pi\zeta^3\left\{\sin\alpha(2 + \cos^2\alpha) - \cos\left(\frac{\pi}{4} - \frac{\varphi}{2}\right)\left[2 + \sin^2\left(\frac{\pi}{4} - \frac{\varphi}{2}\right)\right]\right\} \end{aligned} \tag{4-26}$$

式中，$\zeta = \dfrac{1}{\cos\left(\frac{\pi}{4} - \frac{\varphi}{2}\right) - \sin\alpha}$。

（二）抗拔土体滑动面上剪切力计算

1．抗拔土体滑裂面应力状态方程

根据图 4－8 所示的圆弧滑动面模型，可假设极限平衡状态下抗拔土体滑动面为一旋转曲面，滑动面上微单元体应力关系可近似简化为如图 4－10 所示的二维应力状态，其应力基本方程由式（4－27）确定

$$\begin{cases} \dfrac{\partial \sigma_x}{\partial x} + \dfrac{\partial \tau_{xy}}{\partial y} = X \\ \dfrac{\partial \sigma_y}{\partial y} + \dfrac{\partial \tau_{xy}}{\partial x} = Y \end{cases} \tag{4-27}$$

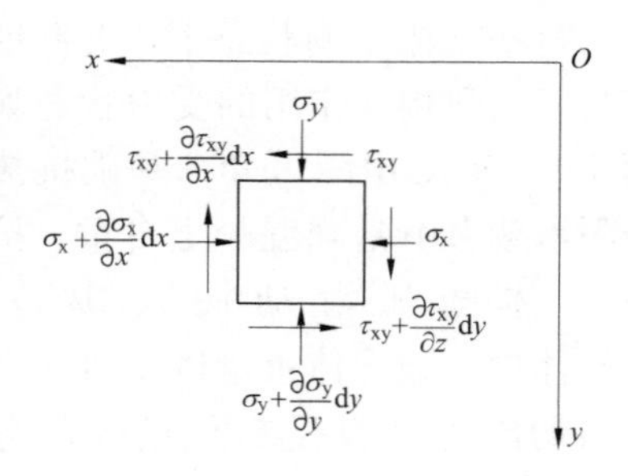

图 4－10　滑动面上微单元体的二维应力状态

式中 σ_x——微单元体 x 方向的法向应力；

σ_y——微单元体 y 方向的剪应力；

τ_{xy}——微单元体剪应力；

X——作用在微单元体上 x 方向体力；

Y——作用在微单元体上 y 方向体力。

当考虑只有土体重量时，式（4－27）改写为

$$\begin{cases}\dfrac{\partial\sigma_x}{\partial x}+\dfrac{\partial\tau_{xy}}{\partial y}=0\\[2mm]\dfrac{\partial\sigma_y}{\partial y}+\dfrac{\partial\tau_{xy}}{\partial x}=\gamma_s\end{cases}\tag{4-28}$$

式中　γ_s——土体容重，kN/m^3。

按照土体 Mohr－Coulomb 强度准则，抗拔土体处于极限平衡状态时

$$\tau=c+\sigma\tan\varphi\tag{4-29}$$

式中　σ——土体处于极限平衡时滑动面上的正应力，kPa；

τ——土体处于极限平衡时滑动面上的剪应力，kPa；

c——抗拔土体黏聚强度，kPa；

φ——抗拔土体内摩擦角，（°）。

滑动面土体微单元体应力状态和极限平衡状态时应力 Mohr 圆如图 4－11 所示。

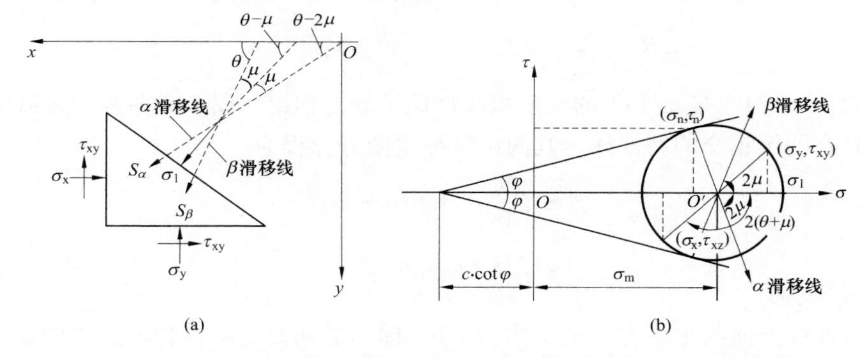

图 4－11　滑动面土体微单元体应力状态和极限平衡状态时应力 Mohr 圆

（a）微元体的应力状态和滑移线；（b）极限平衡状态 Mohr 圆表示法

根据图 4－11（a）中应力分量 σ_x、σ_y、τ_{xy}，式（4－29）可改写成

$$\left(\frac{\sigma_x-\sigma_y}{2}\right)^2+\tau_{xy}^2=\left(\frac{\sigma_x+\sigma_y}{2}+c\cdot\cot\varphi\right)^2\sin^2\varphi\tag{4-30}$$

根据图 4－11（b）对 Coulomb 材料，设 R 为极限应力圆半径，则

$$R=\sigma_m\sin\varphi+c\cdot\cos\varphi\tag{4-31}$$

$$\sigma_m=\frac{1}{2}(\sigma_x+\sigma_y)\tag{4-32}$$

设 θ 为 β 滑移线（S_β）与 x 轴所成的角度，则 $\theta-\mu$ 和 $\theta-2\mu$ 分别为第一主应力 σ_1 和滑移线 S_α 与 x 轴所成的角度，且 $\mu=\dfrac{\pi}{4}-\dfrac{\varphi}{2}$，如图 4－11（a）所示。

于是，土体滑动面上的应力分量σ_x、σ_y和τ_{xy}可表示为

$$\begin{cases}\sigma_x = \sigma_m[1+\sin\varphi\sin(2\theta+\varphi)]+c\cdot\cos\varphi\sin(2\theta+\varphi)\\ \sigma_y = \sigma_m[1-\sin\varphi\sin(2\theta+\varphi)]-c\cdot\cos\varphi\sin(2\theta+\varphi)\\ \tau_{xy} = -[\sigma_m\sin\varphi+c\cdot\cos\varphi]\cos(2\theta+\varphi)\end{cases} \tag{4-33}$$

式（4-33）中三个应力分量均用两个未知变数σ_m和θ表示，将式（4-33）代入（4-28），整理后得到用σ_m和θ表示的极限平衡状态下土体滑动面上任意一点的应力状态平衡方程组

$$\begin{cases}\dfrac{\partial\sigma_m}{\partial x}[1+\sin\varphi\sin(2\theta+\varphi)]-\dfrac{\partial\sigma_m}{\partial y}\sin\varphi\cos(2\theta+\varphi)\\ \quad +2R\left[\dfrac{\partial\theta}{\partial x}\cos(2\theta+\varphi)+\dfrac{\partial\theta}{\partial y}\sin(2\theta+\varphi)\right]=0\\ \dfrac{\partial\sigma_m}{\partial x}\sin\varphi\cos(2\theta+\varphi)-\dfrac{\partial\sigma_m}{\partial y}[1-\sin\varphi\sin(2\theta+\varphi)]\\ \quad -2R\left[\dfrac{\partial\theta}{\partial x}\sin(2\theta+\varphi)-\dfrac{\partial\theta}{\partial y}\cos(2\theta+\varphi)\right]=-\gamma_s\end{cases} \tag{4-34}$$

式（4-34）是σ_m和θ的一阶拟线性偏微分方程组，属于双曲线型偏微分方程，具有两组正交的特征线，其两组特征线微分方程为

$$\begin{cases}S_\alpha:\dfrac{dy}{dx}=\tan(\theta-2\mu)\\ S_\beta:\dfrac{dy}{dx}=\tan\theta\end{cases} \tag{4-35}$$

特征线方向与主应力σ_1的交角为$\pm\mu$，即与滑动面方向重合，故物理意义上特征线就是滑移线。取与滑移线α、β相重合的曲线坐标系统（S_α，S_β）。

根据方向导数定义有

$$\begin{cases}\dfrac{\partial}{\partial S_\alpha}=\cos(\theta-2\mu)\dfrac{\partial}{\partial x}+\sin(\theta-2\mu)\dfrac{\partial}{\partial y}\\ \dfrac{\partial}{\partial S_\beta}=\cos\theta\dfrac{\partial}{\partial x}+\sin\theta\dfrac{\partial}{\partial y}\end{cases} \tag{4-36}$$

进一步得到微分算子$\dfrac{\partial}{\partial x}$和$\dfrac{\partial}{\partial y}$的表达式

$$\begin{cases}\dfrac{\partial\sigma_m}{\partial x}=\left[\sin\theta\dfrac{\partial\sigma_m}{\partial S_\alpha}-\sin(\theta-2\mu)\dfrac{\partial\sigma_m}{\partial S_\beta}\right]/\sin(2\mu)\\ \dfrac{\partial\sigma_m}{\partial y}=-\left[\cos\theta\dfrac{\partial\sigma_m}{\partial S_\alpha}-\cos(\theta-2\mu)\dfrac{\partial\sigma_m}{\partial S_\beta}\right]/\sin(2\mu)\end{cases} \tag{4-37}$$

化简后，得到将坐标x，y转换为滑移线S_α，S_β

$$\begin{cases} \cos\varphi \dfrac{\partial \sigma_m}{\partial S_\beta} + 2\sin\varphi(\sigma_m + c \cdot \cot\varphi) \dfrac{\partial \theta}{\partial S_\beta} = \gamma_s \sin(\theta + \varphi) & \text{(a)} \\ \cos\varphi \dfrac{\partial \sigma_m}{\partial S_\alpha} - 2\sin\varphi(\sigma_m + c \cdot \cot\varphi) \dfrac{\partial \theta}{\partial S_\alpha} = -\gamma_s \cos\theta & \text{(b)} \end{cases} \tag{4-38}$$

式（4－38）即为抗拔土体处于极限平衡状态时，滑动面应力分布的基本方程式。

2. 抗拔土体滑裂面剪切阻力

计算抗拔土体滑动面剪切阻力时，取积分滑动面为 S_β，积分方程为式（4－38）中（a）式，即

$$\cos\varphi \frac{\partial \sigma_m}{\partial S_\beta} + 2\sin\varphi(\sigma_m + c \cdot \cot\varphi) \frac{\partial \theta}{\partial S_\beta} = \gamma_s \sin(\theta + \varphi) \tag{4-39}$$

定义

$$\sigma_p = \sigma_m + c \cdot \cot\varphi \tag{4-40}$$

则方程式（4－39）变为

$$\frac{\partial \sigma_p}{\partial S_\beta} + 2\sigma_p \tan\varphi \frac{\partial \theta}{\partial S_\beta} = \frac{\gamma_s \sin(\theta + \varphi)}{\cos\varphi} \tag{4-41}$$

根据 Mohr－Coulomb 强度准则，有

$$\sigma_p = \frac{\tau_n}{\sin\varphi\cos\varphi} \tag{4-42}$$

将式（4－42）代入式（4－41）得到

$$\frac{\partial \tau_n}{\partial S_\beta} + 2\tau_n \tan\varphi \frac{\partial \theta}{\partial S_\beta} = \gamma_s \sin(\theta + \varphi)\sin\varphi \tag{4-43}$$

由于滑动面为圆弧面，所以有 $\partial_\beta = r\partial\theta$ 成立。代入方程（4－43）化简后得

$$\frac{\partial \tau_n}{\partial \theta} + 2\tau_n \tan\varphi - \gamma_s r \sin\varphi \sin(\theta + \varphi) = 0 \tag{4-44}$$

求解式（4－44）得到其齐次方程通解为

$$\tau_n = C e^{-2\theta\tan\varphi} \tag{4-45}$$

用常系数变异方法求 C，令

$$C'(\theta) e^{-2\theta\tan\varphi} = \gamma_s r \sin\varphi \sin(\theta + \varphi) \tag{4-46}$$

则有

$$C'(\theta) = \gamma_s r \sin\varphi e^{2\theta\tan\varphi} \sin(\theta + \varphi) \tag{4-47}$$

$$C(\theta) = \frac{\gamma_s r \sin\varphi e^{2\theta\tan\varphi}}{1 + 4\tan^2\varphi}[2\tan\varphi\sin(\theta + \varphi) - \cos(\theta + \varphi)] + C_0 \tag{4-48}$$

由此得到滑动面上每一点切向应力表达式

$$\tau_n = C_0 e^{-2\theta\tan\varphi} + \frac{\gamma_s r \sin\varphi}{1 + 4\tan^2\varphi}[2\tan\varphi\sin(\theta + \varphi) - \cos(\theta + \varphi)] \tag{4-49}$$

式中　C_0——待定系数，需根据边界条件确定。

根据边界条件确定待定参数 C_0，在地表处有

$$\theta=\frac{\pi}{4}-\frac{\varphi}{2},\tau_{xy}=0,\sigma_x=0,\tau_n=c(1+\sin\varphi)$$

由此得到待定参数 C_0

$$C_0=\left\{c(1+\sin\varphi)-\frac{\gamma_s r\sin\varphi}{1+4\tan^2\varphi}\left[2\tan\varphi\sin\left(\frac{\pi}{4}+\frac{\varphi}{2}\right)-\cos\left(\frac{\pi}{4}+\frac{\varphi}{2}\right)\right]\right\}e^{2\left(\frac{\pi}{4}-\frac{\varphi}{2}\right)\tan\varphi} \tag{4-50}$$

将式（4－50）代入式（4－49），得到滑动面上每一点切向应力 τ_n 表达式

$$\begin{aligned}\tau_n=&\left\{c(1+\sin\varphi)-\frac{\gamma_s r\sin\varphi}{1+4\tan^2\varphi}\left[2\tan\varphi\sin\left(\frac{\pi}{4}+\frac{\varphi}{2}\right)\right.\right.\\&\left.\left.-\cos\left(\frac{\pi}{4}+\frac{\varphi}{2}\right)\right]\right\}e^{2\left(\frac{\pi}{4}-\frac{\varphi}{2}\right)\tan\varphi}e^{-2\theta\tan\varphi}\\&+\frac{\gamma_s r\sin\varphi}{1+4\tan^2\varphi}[2\tan\varphi\sin(\theta+\varphi)-\cos(\theta+\varphi)]\end{aligned} \tag{4-51}$$

将 τ_n 沿圆弧滑动面进行积分并在垂直方向投影，可得到抗拔土体滑动面剪切阻力的垂直投影分量，即

$$T_v=\int_{\alpha_1}^{\alpha_2}\tau_n\sin\theta\cdot 2\pi\left(\frac{D}{2}+r\cos\alpha-r\sin\theta\right)\cdot r\mathrm{d}\theta \tag{4-52}$$

将式（4－51）代入（4－52），得到抗拔土体滑动面剪切阻力的垂直投影分量

$$T_v=F_2(\varphi,\lambda)ch_t^2+F_3(\varphi,\lambda)\gamma_s h_t^3 \tag{4-53}$$

式中　$F_2(\varphi,\lambda)$、$F_3(\varphi,\lambda)$——无因次参数，由抗拔土体滑动面形态方程、内摩擦角 φ 和基础深径比 λ 确定，按照式（4－54）～式（4－57）计算

$$F_2(\varphi,\lambda)=2\pi\zeta^2K_1(1+\sin\varphi)e^{2\left(\frac{\pi}{4}-\frac{\varphi}{2}\right)\tan\varphi} \tag{4-54}$$

$$F_3(\varphi,\lambda)=\frac{2\pi\sin\varphi}{1+4\tan^2\varphi}\zeta^3\left\{K_2-K_1\cos\left(\frac{\pi}{4}+\frac{\varphi}{2}\right)e^{2\left(\frac{\pi}{4}-\frac{\varphi}{2}\right)\tan\varphi}\left[2\tan\varphi\tan\left(\frac{\pi}{4}+\frac{\varphi}{2}\right)-1\right]\right\} \tag{4-55}$$

其中

$$\begin{aligned}K_1=&-\frac{1}{1+4\tan^2\varphi}\left\{\left(\frac{1}{2\lambda\zeta}+\cos\alpha\right)\left\{\left[e^{-2\left(\frac{\pi}{2}-\alpha\right)\tan\varphi}(\sin\alpha+2\tan\varphi\cos\alpha)\right]\right.\right.\\&\left.\left.-e^{-2\left(\frac{\pi}{4}-\frac{\varphi}{2}\right)\tan\varphi}\left[\cos\left(\frac{\pi}{4}-\frac{\varphi}{2}\right)+2\tan\varphi\sin\left(\frac{\pi}{4}-\frac{\varphi}{2}\right)\right]\right\}\right\}\end{aligned}$$

$$+\frac{1}{4\tan\varphi}\left[e^{-2\left(\frac{\pi}{2}-\alpha\right)\tan\varphi}-e^{-2\left(\frac{\pi}{4}-\frac{\varphi}{2}\right)\tan\varphi}\right]$$

$$+\frac{1}{4(1+\tan^2\varphi)}\left[e^{-2\left(\frac{\pi}{2}-\alpha\right)\tan\varphi}(\tan\varphi\cos2\alpha+\sin2\alpha)\right.$$

$$\left.+e^{-2\left(\frac{\pi}{4}-\frac{\varphi}{2}\right)\tan\varphi}(\tan\varphi\sin\varphi-\cos\varphi)\right] \tag{4-56}$$

$$K_2=\left\{\frac{1}{2\lambda}\left[\cos\left(\frac{\pi}{4}-\frac{\varphi}{2}\right)-\sin\alpha\right]+\cos\alpha\right\}$$

$$\left[\left(\frac{3\pi}{8}-\frac{3\alpha}{2}+\frac{3\varphi}{4}\right)\sin\varphi-\frac{1}{2}\sin(2\alpha-\varphi)\tan\varphi+\frac{1}{2}\tan\varphi-\frac{1}{4}\cos(2\alpha-\varphi)\right]$$

$$+2\tan\varphi\left[\frac{1}{12}\sin(3\alpha-\varphi)+\frac{1}{2}\sin(\alpha-\varphi)+\frac{1}{4}\sin(\alpha+\varphi)+\frac{1}{12}\cos\left(\frac{3\pi}{4}-\frac{\varphi}{2}\right)\right.$$

$$\left.-\frac{1}{2}\cos\left(\frac{\pi}{4}+\frac{\varphi}{2}\right)-\frac{1}{4}\cos\left(\frac{\pi}{4}-\frac{3\varphi}{2}\right)\right]+\frac{1}{2}\cos(\alpha-\varphi)-\frac{1}{4}\cos(\alpha+\varphi)$$

$$+\frac{1}{12}\cos(3\alpha-\varphi)-\frac{1}{2}\sin\left(\frac{\pi}{4}+\frac{\varphi}{2}\right)+\frac{1}{4}\sin\left(\frac{\pi}{4}-\frac{3\varphi}{2}\right)+\frac{1}{12}\sin\left(\frac{3\pi}{4}-\frac{\varphi}{2}\right) \tag{4-57}$$

因此，得到戈壁地基浅埋抗拔基础极限承载力理论计算值

$$T_{up}=[F_1(\varphi,\lambda)+F_3(\varphi,\lambda)]\gamma_s h_t^3+F_2(\varphi,\lambda)ch_t^2+G_f-\gamma_s V_{f_0} \tag{4-58}$$

(三) 抗拔极限承载力计算参数的变化规律

根据抗拔土体内摩擦角 φ 和基础深径比 λ，按照式（4-26）以及式（4-54）～式（4-57）计算得到的相应的无因次参数 $F_1(\varphi，\lambda)$、$F_2(\varphi，\lambda)$ 和 $F_3(\varphi，\lambda)$。

不同内摩擦角 φ 和基础深径比 λ 下 $F_1(\varphi，\lambda)$、$F_2(\varphi，\lambda)$ 和 $F_3(\varphi，\lambda)$ 的取值如表 4-10 所示。

表 4-10　不同内摩擦角 φ 和基础深径比 λ 下 $F_1(\varphi，\lambda)$、$F_2(\varphi，\lambda)$ 和 $F_3(\varphi，\lambda)$ 的取值

深径比 λ	无因次参数	内摩擦角 φ(°)								
		5.0	10.0	15.0	20.0	25.0	30.0	35.0	40.0	45.0
1.0	$F_1(\varphi,\lambda)$	2.172	2.293	2.421	2.559	2.706	2.865	3.035	3.219	3.417
	$F_2(\varphi,\lambda)$	5.327	5.684	6.002	6.272	6.481	6.618	6.669	6.62	6.455
	$F_3(\varphi,\lambda)$	0.197	0.416	0.654	0.909	1.177	1.453	1.729	1.999	2.252
1.5	$F_1(\varphi,\lambda)$	1.146	1.211	1.281	1.354	1.43	1.511	1.595	1.684	1.777
	$F_2(\varphi,\lambda)$	3.781	3.993	4.168	4.297	4.374	4.391	4.34	4.214	4.006
	$F_3(\varphi,\lambda)$	0.135	0.281	0.435	0.595	0.756	0.913	1.061	1.195	1.306

续表

深径比 λ	无因次参数	内摩擦角 φ(°)								
		5.0	10.0	15.0	20.0	25.0	30.0	35.0	40.0	45.0
2.0	$F_1(\varphi,\lambda)$	0.764	0.811	0.86	0.911	0.964	1.019	1.077	1.137	1.199
	$F_2(\varphi,\lambda)$	3.036	3.196	3.323	3.411	3.455	3.448	3.386	3.263	3.077
	$F_3(\varphi,\lambda)$	0.105	0.217	0.335	0.454	0.573	0.686	0.791	0.881	0.952
2.5	$F_1(\varphi,\lambda)$	0.576	0.613	0.652	0.692	0.734	0.778	0.823	0.869	0.917
	$F_2(\varphi,\lambda)$	2.596	2.731	2.837	2.908	2.941	2.929	2.87	2.758	2.592
	$F_3(\varphi,\lambda)$	0.087	0.18	0.277	0.375	0.471	0.562	0.645	0.715	0.768
3.0	$F_1(\varphi,\lambda)$	0.466	0.498	0.531	0.565	0.601	0.637	0.675	0.714	0.754
	$F_2(\varphi,\lambda)$	2.306	2.427	2.521	2.584	2.613	2.601	2.546	2.445	2.296
	$F_3(\varphi,\lambda)$	0.076	0.156	0.239	0.324	0.406	0.484	0.554	0.612	0.656
3.5	$F_1(\varphi,\lambda)$	0.396	0.424	0.453	0.483	0.515	0.547	0.58	0.615	0.649
	$F_2(\varphi,\lambda)$	2.1	2.212	2.299	2.358	2.385	2.375	2.325	2.232	2.096
	$F_3(\varphi,\lambda)$	0.067	0.139	0.213	0.288	0.361	0.43	0.491	0.543	0.581
4.0	$F_1(\varphi,\lambda)$	0.347	0.373	0.399	0.427	0.455	0.485	0.515	0.546	0.577
	$F_2(\varphi,\lambda)$	1.947	2.052	2.135	2.191	2.217	2.209	2.164	2.079	1.952
	$F_3(\varphi,\lambda)$	0.061	0.126	0.194	0.262	0.328	0.39	0.446	0.493	0.527

根据表 4-10 结果，可得到 $F_1(\varphi, \lambda)$、$F_2(\varphi, \lambda)$ 和 $F_3(\varphi, \lambda)$ 随抗拔土体内摩擦角 φ 和基础深径比 λ 的变化规律分别如图 4-12～图 4-14 所示。

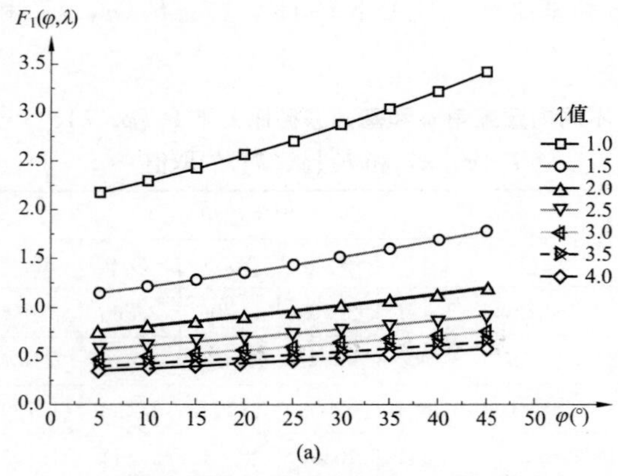

图 4-12 $F_1(\varphi, \lambda)$ 随抗拔土体内摩擦角 φ 和基础深径比 λ 的变化规律（一）

(a) 基础深径比 λ 不同

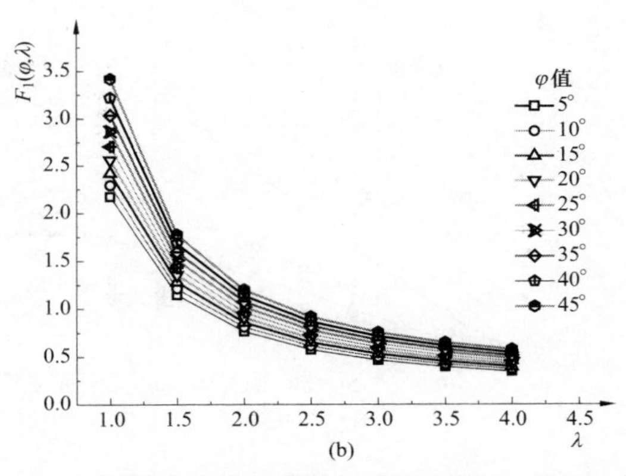

图 4－12　$F_1(\varphi, \lambda)$ 随抗拔土体内摩擦角 φ 和基础深径比 λ 的变化规律（二）

（b）内摩擦角 φ 不同

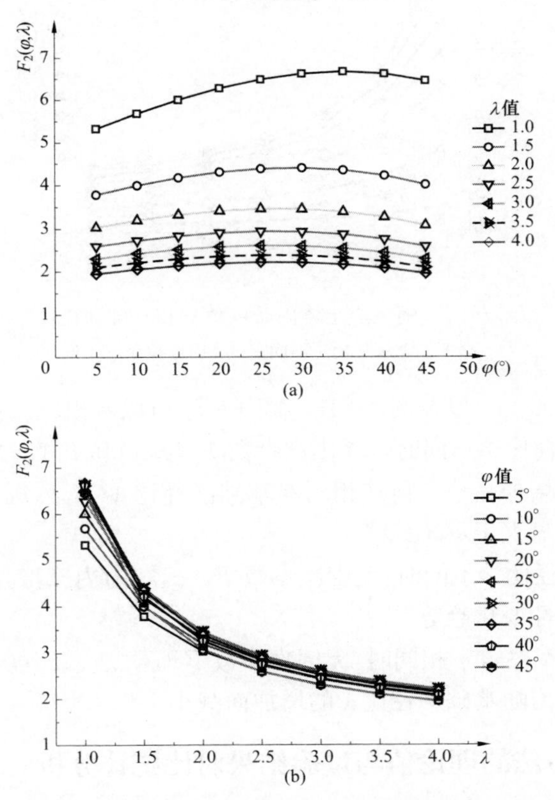

图 4－13　$F_2(\varphi, \lambda)$ 随抗拔土体内摩擦角 φ 和基础深径比 λ 的变化规律

（a）基础深径比 λ 不同；（b）内摩擦角 φ 不同

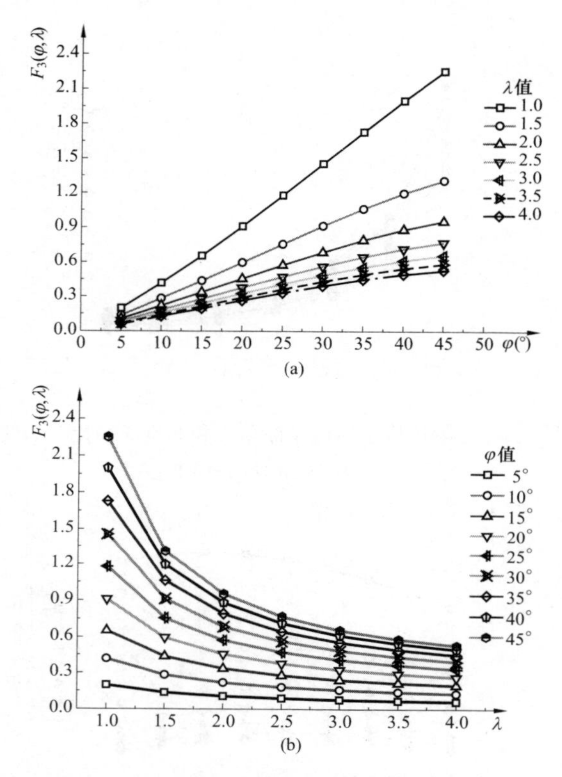

图 4-14　$F_3(\varphi,\lambda)$ 随抗拔土体内摩擦角 φ 和基础深径比 λ 的变化规律

(a) 基础深径比 λ 不同；(b) 内摩擦角 φ 不同

综合分析表 4-10 以及图 4-12～图 4-14 可以看出：

(1) 基础深径比 λ 不同时，无因次参数 $F_1(\varphi,\lambda)$ 和 $F_3(\varphi,\lambda)$ 均随内摩擦角 φ 的增加而呈线性增加趋势。但在相同的基础深径比 λ 下，$F_3(\varphi,\lambda)$ 随内摩擦角增加的增加速率明显大于 $F_1(\varphi,\lambda)$。

(2) 基础深径比 λ 不同时，无因次参数 $F_2(\varphi,\lambda)$ 随内摩擦角 φ 的增加呈先增加后减小的非线性变化趋势。

(3) 土体内摩擦角 φ 相同时，无因次参数 $F_1(\varphi,\lambda)$、$F_2(\varphi,\lambda)$ 和 $F_3(\varphi,\lambda)$ 变化规律相同，均随基础深径比 λ 的增加而减小。

三、不同方法的理论值与试验结果对比统计分析

在基础极限状态设计中，通常对基础承载力按极限状态（Ultimate Limit State，ULS）考虑，根据各试验场地的基础几何尺寸以及场地土体物理力学性

质参数，对所有基础依次采用式（4－58）、Meyerhof－Adams 方法、Matsuo 方法和 Balla 方法计算其抗拔承载力极限值，结果如表 4－11 和 4－12 所示，其中试验基础抗拔极限承载力试验值取 T_{L2}。

表 4－11　　新疆地区掏挖扩底试验基础抗拔承载力理论计算值和试验结果的比较

场地编号	基础编号	试验值 T_{L2}(kN)	理论计算值（kN）			
			式（4－58）	Meyerhof－Adams 方法	Matsuo 方法	Balla 方法
XJ－YH	1/KT1	724	1347	959	659	763
	1/KT6	2129	3716	3195	2121	2699
XJ－ERD	2/KT1	761	569	483	318	333
	2/KT2	904	1295	1002	690	743
	2/KT3	2637	3494	2540	1769	1936
	2/KT4	1895	1933	1648	1142	1283
	2/KT5	3300	3523	3040	2062	2342
	2/KT6	3355	3241	3049	2057	2388
	2/KT7	6561	5222	4859	3246	3779
	2/KT8	4228	3897	3633	2436	2825
	2/KT9	8490	10697	9746	6498	7622
XJ－DWY	3/KT3	2017	2867	2050	1499	1831

表 4－12　　甘肃地区掏挖扩底试验基础抗拔承载力理论计算值和试验结果的比较

场地编号	基础编号	试验值 T_{L2}（kN）	理论计算值（kN）			
			式（4－58）	Meyerhof－Adams 方法	Matsuo 方法	Balla 方法
GS－GTX	1/KT1	450	311	243	153	177
	1/KT2	1326	1152	847	549	653
	1/KT3	2875	2951	2100	1385	1669
	1/KT4	2349	1798	1466	949	1195
	1/KT5	6251	5067	4050	2633	3353
	1/KT6	2203	2092	1646	1095	1386
	1/KT7	7428	7020	6045	3849	5047
	1/KT8	3667	2365	2004	1308	1704
	1/KT9	7286	7931	6686	4329	5693

续表

场地编号	基础编号	试验值 T_{L2}（kN）	理论计算值（kN）			
			式（4-58）	Meyerhof-Adams方法	Matsuo方法	Balla方法
GS-SDX	2/KT1	361	440	336	245	247
	2/KT2	1097	1515	1112	811	846
	2/KT3	3659	3712	2673	1939	2068
	2/KT4	2349	2299	1884	1389	1523
	2/KT5	6251	6199	5078	3655	4085
	2/KT6	2768	2660	2123	1596	1758
	2/KT7	7428	8485	7535	5322	6095
	2/KT8	3395	2989	2563	1912	2156
	2/KT9	7286	9556	8358	5970	6855
GS-JCB	3/KT1	576	367	304	193	204
	3/KT2	1668	1334	1047	678	736
	3/KT3	4524	3381	2582	1685	1861
	3/KT4	3246	2062	1857	1189	1351
	3/KT5	8273	5747	5114	3253	3748
	3/KT6	3211	2399	2099	1374	1568
	3/KT7	8150	7939	7768	4804	5653
	3/KT8	4260	2708	2596	1660	1934
	3/KT9	8571	8972	8636	5411	6381
GS-JQB	4/KT1	604	624	433	314	364
	4/KT2	1155	946	666	495	596
	4/KT3	1955	1622	1172	889	1125
	4/KT5	1900	1550	1102	816	1002
	4/KT8	4522	3642	2637	1966	2527
	4/KT12	3288	3070	2157	1590	1981
	4/KT13	4592	4243	3036	2237	2844

用式（4-58）计算得到的理论值与试验实测值往往存在一定的偏差。这种偏差可能来源于基础承载力计算理论模型误差（Model error）、系统误差（Systematic error）、试验误差（Load tests related errors）、统计误差（Statistical error）以及场地空间差异（Inherent spatial variability）等。在实际试验过程

中，可通过专业的试验人员、先进的检测和分析技术、大量的试验经验将系统误差、试验误差、统计误差降低到最低程度，并进一步通过增加试验场地样本数量来降低场地空间差异。因此，影响理论计算值和试验实测值之间偏差的主要因素就是理论计算模型误差（M_e），通常采用试计比 λ_T 反映理论值和试验值之间偏差

$$\lambda_T = T_{um}/T_{up} \tag{4-59}$$

式中　λ_T——试计比，无量纲；

T_{um}——基础抗拔极限承载力试验值，kN；

T_{up}——按式（4－58）计算得到的理论值，kN。如前所述，取 $T_{um}=T_{L2}$。

采用不同计算方法得到的试计比结果分别如表 4－13 和 4－14 所示，其中称按式（4－58）计算确定试计比 λ_T 为理论值。

表 4－13　　新疆地区试验基础试计比结果

场地编号	基础编号	理论值	Meyerhof－Adams 方法	Matsuo 方法	Balla 方法
XJ－YH	1/KT1	0.537	0.755	1.099	0.949
	1/KT6	0.573	0.666	1.004	0.789
XJ－ERD	2/KT1	1.337	1.576	2.392	2.285
	2/KT2	0.698	0.902	1.310	1.217
	2/KT3	0.755	1.038	1.491	1.362
	2/KT4	0.980	1.150	1.660	1.477
	2/KT5	0.937	1.086	1.600	1.409
	2/KT6	1.035	1.100	1.631	1.405
	2/KT7	1.256	1.350	2.021	1.736
	2/KT8	1.085	1.164	1.736	1.497
	2/KT9	0.794	0.871	1.307	1.114
XJ－DWY	3/KT3	0.704	0.984	1.345	1.102

表 4－14　　甘肃地区试验基础试计比结果

场地编号	基础编号	理论值	Meyerhof－Adams 方法	Matsuo 方法	Balla 方法
GS－GTX	1/KT1	1.447	1.850	2.949	2.540
	1/KT2	1.151	1.565	2.413	2.030
	1/KT3	0.974	1.369	2.076	1.722
	1/KT4	1.306	1.602	2.474	1.965
	1/KT5	1.234	1.543	2.374	1.864
	1/KT6	1.053	1.339	2.012	1.590

续表

场地编号	基础编号	理论值	Meyerhof - Adams 方法	Matsuo 方法	Balla 方法
GS - GTX	1/KT7	1.058	1.229	1.930	1.472
	1/KT8	1.551	1.829	2.803	2.152
	1/KT9	0.919	1.090	1.683	1.280
GS - SDX	2/KT1	0.820	1.073	1.476	1.461
	2/KT2	0.724	0.987	1.354	1.297
	2/KT3	0.986	1.369	1.887	1.770
	2/KT4	1.022	1.247	1.691	1.542
	2/KT5	1.008	1.459	2.027	1.814
	2/KT6	1.041	1.304	1.734	1.574
	2/KT7	0.875	1.000	1.416	1.236
GS - SDX	2/KT8	1.136	1.328	1.779	1.578
	2/KT9	0.762	1.033	1.446	1.259
GS - JCB	3/KT1	1.569	1.896	2.986	2.830
	3/KT2	1.250	1.592	2.459	2.265
	3/KT3	1.338	1.752	2.685	2.431
	3/KT4	1.574	1.748	2.731	2.403
	3/KT5	1.440	1.434	2.254	1.956
	3/KT6	1.338	1.529	2.336	2.047
	3/KT7	1.027	1.025	1.658	1.409
	3/KT8	1.573	1.442	2.256	1.936
	3/KT9	0.955	0.992	1.584	1.343
GS - JQB	4/KT1	0.968	1.396	1.926	1.658
	4/KT2	1.221	1.735	2.335	1.938
	4/KT3	1.205	1.669	2.199	1.738
	4/KT5	1.226	1.724	2.329	1.896
GS - JQB	4/KT8	1.242	1.715	2.300	1.789
	4/KT12	1.071	1.525	2.068	1.660
	4/KT13	1.082	1.512	2.053	1.615

根据表 4 - 13 和表 4 - 14 数据，不同计算方法得到抗拔承载力试计比 λ_T 的统计分析结果如表 4 - 15 所示。

表 4-15　不同计算方法得到抗拔承载力试计比 λ_T 的统计分析结果

计算方法	理论值	Meyerhof-Adams 方法	Matsuo 方法	Balla 方法
均值	1.083	1.338	1.963	1.683
标准差	0.250	0.314	0.491	0.429
变异系数	0.231	0.235	0.250	0.255

由表 4-15 可看出，λ_T均值由大到小的顺序为 Matsuo 方法、Balla 方法、Meyerhof-Adams 方法和理论值。理论值与试验值较为吻合，验证了戈壁掏挖扩底基础抗拔极限承载力计算理论的正确性，也进一步验证了取 L_1-L_2 方法中塑性极限承载力 T_{L2}作为抗拔极限承载力试验值的合理性和正确性。

为便于分析 λ_T的概率分布规律，根据表 4-13 和表 4-14 数据可得到按照式（4-49）计算确定的试计比 λ_T 及其 $\ln(\lambda_T)$ 的直方图和概率密度曲线如图 4-15 所示。

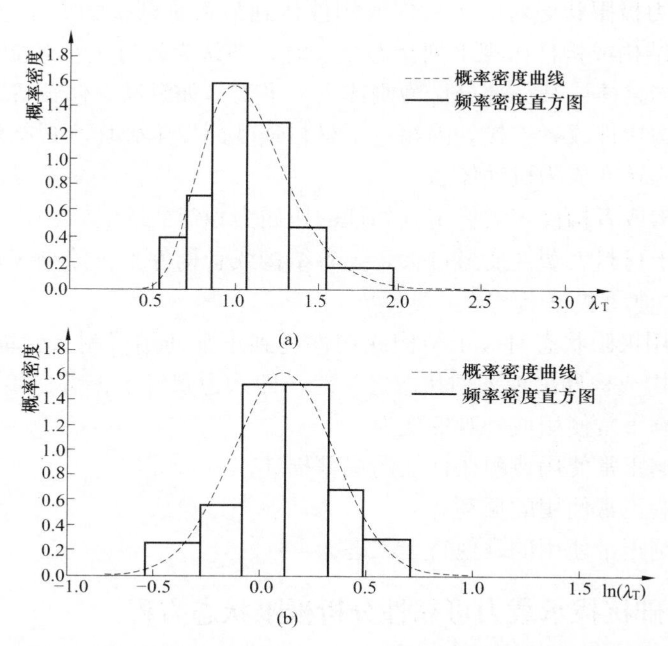

图 4-15　试计比 λ_T及其 ln（λ_T）的直方图和概率密度曲线

（a）λ_T；（b）ln（λ_T）

经 χ^2 拟合检验，接受 ln（λ_T）服从正态分布的假设，且 ln（λ_T）的均值、标准差分别为 0.051 和 0.248，即 λ_T 服从对数正态分布。

第四节　输电线路杆塔戈壁掏挖基础抗拔设计可靠度分析

一、极限状态

极限状态是指整个结构或结构的一部分超过某一特定状态，不能满足设计规定的某一功能要求，此特定状态称为该功能的极限状态。前苏联最早将极限状态分为3类：承载能力极限状态、变形极限状态和裂缝极限状态。而加拿大曾提出的3种极限状态分别称为破坏极限状态、损伤极限状态和使用或功能极限状态。后来，国际标准化组织（ISO）、欧洲混凝土委员会（CEB）、国际预应力混凝土协会（FIP）等将极限状态通常分为2类，即承载能力极限状态和正常使用极限状态。

1. 承载能力极限状态

承载能力极限状态对应于结构或构件达到最大承载能力或不适于继续承载的变形。当结构或构件出现下列状态之一时，即认为超过了承载能力极限状态：

（1）结构整体或其一部分作为刚体失去平衡（如滑动、倾覆等）。

（2）结构构件或者连接处因超过了材料强度而发生破坏（包括疲劳破坏）。

（3）结构转变成为机动体系。

（4）结构或者构件丧失稳定（如柱的压屈失稳等）。

（5）由于材料大塑性变形过大，导致结构或者构件不再能继续承载和使用。

2. 正常使用极限状态

正常使用极限状态对应于结构或构件达到正常使用或耐久性能某项规定的限值。当结构或构件出现下列状态之一时，即认为超过了正常使用极限状态：

（1）影响正常使用或外观的变形。

（2）影响正常使用或耐久性能的局部损坏。

（3）影响正常使用的振动。

（4）影响正常使用的其他特定状态。

二、基础抗拔承载力可靠性分析极限状态方程

作用在输电线路杆塔结构上的荷载按其随时间的变异性可分为永久荷载、可变荷载和特殊荷载。其中永久荷载主要是指塔身结构自重，导（地）线、绝缘子、金具自重及其他固定设备自重；可变荷载包括风荷载、覆冰荷载，拉线张力及施工检修荷载等；特殊荷载包括由于断线荷载、地震荷载及由于不均匀

结冰（脱冰）所引起的不平衡张力等荷载。可由反映基础抗力、永久荷载效应、可变荷载效应 3 个基本随机变量关系的基础承载功能函数和基本随机变量的统计参数，用可靠度计算方法得到基础抗拔设计的可靠度。

从可靠度分析角度看，输电线路杆塔基础抗拔承载力极限状态的设计表达式为

$$g(T,G,Q)=T-G-Q=0 \tag{4-60}$$

式中　T——基础抗拔极限承载力设计值；

G——永久荷载效应设计值；

Q——可变荷载效应的设计值。

T、G、Q 均为基本随机变量，由定值法设计知，3 个基本随机变量的标准值 T_{up}、G_K 和 Q_K 满足式（4－61）

$$T_{up}=K(G_K+Q_K)=K(1+\rho)G_K \tag{4-61}$$

式中　T_{up}——基础抗拔极限承载力计算值，按式（4－58）计算；

G_K——永久载效应标准值；

Q_K——可变载效应标准值；

K——安全系数，地基基础工程中 K 一般取 2.5～3.0；

ρ——可变载效应标准值 Q_K 和永久载效应标准值 G_K 的比值。

式（4－60）两边同除以 T_{up}，得到

$$\frac{T}{T_{up}}-\frac{1}{K(1+\rho)}\frac{G}{G_K}-\frac{\rho}{K(1+\rho)}\frac{Q}{Q_K}=0 \tag{4-62}$$

令 $\lambda_G=G/G_K$，$\lambda_Q=Q/Q_K$ 为无量纲随机变量，也称为相应荷载效应的试计比。当基础抗拔极限承载力 T 取为 T_{L2} 时，则有 $T/T_{up}=T_{L2}/T_{up}=\lambda_T$。

由此可将式（4－62）变为

$$\lambda_T-\frac{1}{K(1+\rho)}\lambda_G-\frac{\rho}{K(1+\rho)}\lambda_Q=0 \tag{4-63}$$

式（4－63）即为基础承载力可靠性分析的归一化极限状态方程，它把式（4－60）所示的极限状态方程转化成为无量纲的方程，且式（4－63）和式（4－60）对可靠度指标同解，这样将使可靠度 β 的计算大大简化，β 仅与随机变量 λ_T，λ_G，λ_Q 的统计特征、可变荷载效应和永久荷载效应之比 ρ 以及安全系数 K 有关。

三、输电线路杆塔戈壁掏挖基础抗拔设计可靠度计算

在已知随机变量 λ_T，λ_G，λ_Q 的统计特征的情况下，可采用校准法计算得到不同的可变荷载效应和永久荷载效应之比 ρ、给定安全系数 K 下的杆塔基础工程可靠度指标。

校准法是通过对现存结构、构件或现行设计规范所隐含的可靠度水平进行反演分析，以确定结构或构件设计时采用的目标可靠指标的一种方法。具体说来，就是先假设按现行技术规范经过几十年或更长时间的应用和实践，目前杆塔基础承载力设计的安全系数法及其有关规定在总体上是合理的，然后再通过现有杆塔基础的可靠度反演计算和综合分析，确定今后所采用的杆塔基础的可靠指标。即在已知杆塔基础抗力和荷载效应的统计特征的情况下，对按规范设计的工程杆塔基础反求其可靠指标，并以此作为今后确定杆塔基础的设计目标可靠指标的依据。校准法的实质是验算，它是基于结构构件承载力的可靠性与经济性之间选择一种合理平衡，力求以最经济的途径，使承载力的取值保证建筑物的各种预定功能要求。

表 4-16 给出了随机变量 λ_T，λ_G 和 λ_Q 的统计特征与分布类型。

表 4-16　随机变量 λ_T、λ_G 和 λ_Q 的统计特征与分布类型

统计参数和分布类型	λ_T	λ_G	λ_Q	
			最大风荷载	覆冰荷载
均值	1.083	1.060	0.998	1.003
标准差	0.250	0.074	0.193	0.182
变异系数	0.231	0.070	0.193	0.181
分布类型	对数正态分布	正态分布	极值Ⅰ型分布	极值Ⅰ型分布

根据式（4-63）和表 4-16，可采用国际安全度联合委员会（JCSS）建议的 JC 法计算得到不同 ρ、K 及荷载类型条件下杆塔基础可靠度指标变化规律，戈壁扩底掏挖基础抗拔承载力可靠度指标 β 计算结果如图 4-16 所示。

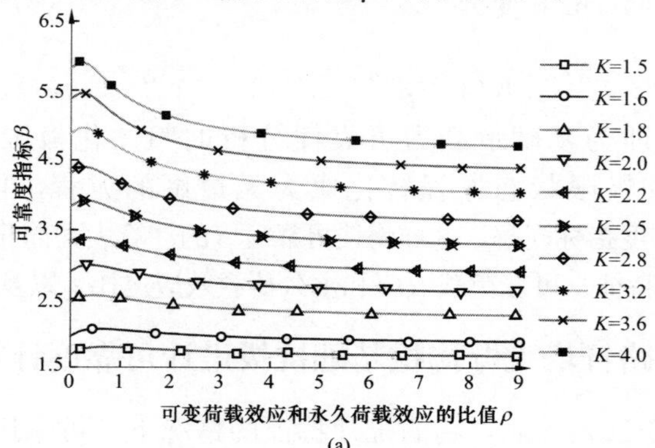

图 4-16　戈壁扩底掏挖基础抗拔承载力可靠度指标 β 计算结果（一）

(a) 最大风荷载

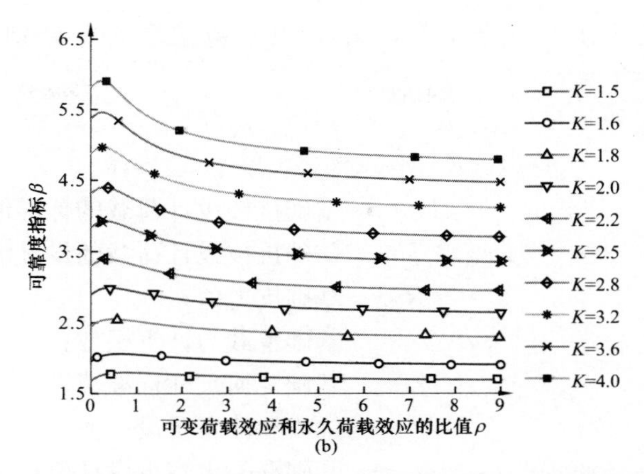

图 4－16 戈壁扩底掏挖基础抗拔承载力可靠度指标β计算结果（二）

（b）覆冰荷载

图 4－16 表明，当ρ一定时，β随K增大而增大。当K一定时，β随ρ增大而减小，但当$\rho>3$后，β基本趋于稳定。输电线路杆塔构件可变荷载效应与永久荷载效应比值范围为 3.3～8.3。因此，对给定K，可取$\rho=3.0\sim8.0$之间可靠度指标平均值作为抗拔承载力计算的可靠度指标。不同安全系数K下可靠度指标β的平均值如表 4－17 所示。

表 4－17 不同安全系数 K 下可靠度指标 β 的平均值（$\rho=3.0\sim8.0$）

K	2.0	2.2	2.5	2.8	2.97	3.2	3.51	3.6	4.0	4.32
最大风荷	2.656	2.962	3.367	3.720	3.902	4.131	4.414	4.491	4.812	5.046
覆冰荷载	2.693	3.006	3.419	3.780	3.965	4.199	4.487	4.566	4.892	5.130

四、戈壁地区输电线路杆塔掏挖扩底基础抗拔设计可靠度指标

1. 不同时期输电线路基础设计安全度设置

多年以来，在国内输电线路杆塔基础的工程实践中，除泥石流、冲刷、塌陷等自然灾害外，杆塔基础发生工程事故的情况较少。在一些特殊的自然灾害条件下，输电线路上部杆塔结构发生倾倒事故时，基础也较少产生破坏，基本上是“岿然不动”。说明国内输电线路杆塔基础设计具有足够的安全性，能保证电网的安全稳定运行。但这同时也说明杆塔基础部分的设计与杆塔上部结构的设计具有不同步性，基础安全裕度偏大。

输电线路杆塔基础抗拔稳定性设计由地基特性、外荷载特征、基础材料性能、基础尺寸参数等诸多随机变量决定。我国输电线路杆塔基础抗拔设计的基

本原理表达式可分为安全系数法和分项系数法两种，分别如式（4－64）和(4－65）所示

$$KT_{uk} \leqslant R = A\ (\gamma_E, \gamma_\theta, \gamma_k, \gamma_s, \gamma_c, c, \varphi) \tag{4-64}$$

$$\gamma_f T \leqslant R = A\ (\gamma_E, \gamma_\theta, \gamma_k, \gamma_s, \gamma_c, c, \varphi) \tag{4-65}$$

式中 T_{uk}——基础抗拔设计荷载的标准值；

T——基础抗拔设计荷载的设计值；

R——基础抗力值；

$A\ (\gamma_E,\ \gamma_\theta,\ \gamma_k,\ \gamma_s,\ \gamma_c,\ c,\ \varphi)$——基础承载力计算函数；

γ_k——基础几何尺寸标准值；

γ_s——抗拔土体容重设计值；

γ_c——基础混凝土容重设计值；

c——抗拔土体黏聚强度；

φ——抗拔土体内摩擦角；

γ_E——水平力影响系数，根据水平力合力与上拔力的比值按表4－18确定；

γ_θ——基底展开角影响系数，当 $\theta > 45°$时，取1.2，当 $\theta \leqslant 45°$时，取1.0；

K——安全系数；

γ_f——附加分项系数。

表4－18　　水平力影响系数 γ_E

水平力合力与上拔力的比值	水平力影响系数	水平力合力与上拔力的比值	水平力影响系数
0.14～0.40	1.0～0.9	0.70～1.00	0.8～0.75
0.40～0.70	0.9～0.8		

在我国3个不同时期的规范，SDJ 3—1979《架空送电线路设计技术规程》、SDGJ 62—1984《送电线路基础设计技术规定》和DL/T 5219—2005《架空送电线路基础设计技术规定》对输电线路杆塔基础抗拔设计中安全系数 K 和附加分项系数 γ_f 的取值分别如表4－19～表4－21所示。

表4－19　　SDJ 3—1979《架空送电线路设计技术规程》中基础设计安全系数K

杆塔类型	重力式	其他
悬垂型杆塔	1.2	1.5
耐张直线（0°转角）及悬垂转角杆塔	1.3	1.8
耐张转角、终端、大跨越塔	1.5	2.2

表 4-20　SDGJ 62—1984《送电线路基础设计技术规定》中基础设计安全系数 K

杆塔类型	重力式基础	其他各类型基础
悬垂型杆塔	1.2	1.6
耐张直线（0°转角）及悬垂转角杆塔	1.3	2.0
耐张转角、终端、大跨越塔	1.5	2.5

表 4-21　DL/T 5219—2005《架空送电线路基础设计技术规定》中基础设计附加分项系数 γ_f

杆塔类型	重力式基础	其他各类型基础
悬垂型杆塔	0.90	1.10
耐张直线（0°转角）及悬垂转角杆塔	0.95	1.30
耐张转角、终端、大跨越塔	1.10	1.60

比较式（4-64）和（4-65）可以看出，不等式右侧的基础设计抗拔承载力部分是相同的，而不等式左侧的荷载则分别采用了荷载标准值和荷载设计值，对应的安全度设置则分别采用了安全系数 K 和附加分项系数 γ_f。不同时期的杆塔基础设计规范可靠度计算方法对比如表 4-22 所示。

表 4-22　不同时期的杆塔基础设计规范可靠度计算方法对比表

规程版本	荷载类型	安全度类型	表达式
SDJ 3—1979《架空送电线路设计技术规程》	标准值 T_k	安全系数 K	$K \cdot T_k < R$
SDGJ 62—1984《送电线路基础设计技术规定》	标准值 T_k	安全系数 K	$K \cdot T_k < R$
DL/T 5219—2005《架空送电线路基础设计技术规定》	设计值 T	附加分项系数 γ_f	$\gamma_f \cdot T_k < R$

以 $\gamma_f T < R$ 为研究对象，对不同版本设计理念和方法的进行恒等变换，可以得到式（4-66）

$$\gamma_f \cdot T = \frac{K}{1.35} \cdot 1.35 T_k = K \cdot T_k < R \tag{4-66}$$

进一步分析可以看出，表 4-21 中基础设计附加分项系数 γ_f 实际上是近似将表 4-19 中 SDJ 3—1979《架空送电线路设计技术规程》规定的安全系数除以 1.35 后得到，因为通常情况下抗拔荷载效应设计值 T 与标准值 T_k 之间满足 $T = 1.35 T_k$。

综上所述，DL/T 5219—2005《架空送电线路基础设计技术规定》虽采用基于分项系数法，实际上是采用等强度、等安全度的方法将 SDJ 3—1979《架空送电线路设计技术规程》的安全系数法过渡到 DL/T 5219—2005《架空送电线路基础设计技术规定》的附加分项系数法，其设计计算理论的基础没有发生根本变化，新旧规范设计安全度基本上是相同的。此外，DL/T 5219—2005《架空送电线路基础设计技术规定》安全等级比 SDGJ 62—1984《送电线路基础设计技术规定》略有降低。

2. 戈壁掏挖扩底基础可靠度指标与安全系数度量

现行 DL/T 5219—2005《架空送电线路基础设计技术规定》对输电线路杆塔基础采用以概率理论为基础的极限状态设计方法，用可靠度指标度量基础与地基的可靠度，在规定的各种荷载组合作用下或各种变形的限值条件下，满足线路安全运行的要求。基础稳定、基础承载力采用荷载的设计值进行计算，地基的不均匀沉降、基础位移等采用荷载的标准值进行计算。

在安全系数法设计中，荷载效应和基础抗力指标均采用标准值，而以概率理论为基础的极限状态设计时，荷载效应和基础抗力指标均采用设计值，而基础抗力设计值是将抗力极限承载力 R_{lim} 除以一定的分项系数而得到。

于是，荷载采用标准值的掏挖基础抗拔设计式（4-64）可等效表示为

$$T_{\mathrm{k}} < \frac{R_{\text{lim}}}{\gamma_{\mathrm{f}} \times 1.35 \times 2.0 \times \dfrac{1}{\gamma_{\mathrm{E}} \times \gamma_{\theta}}} \tag{4-67}$$

由此可以得到等效安全系数 $K=2.7\gamma_{\mathrm{f}}/\gamma_{\mathrm{E}}\gamma_{\theta}$。

根据前述 γ_{f}、γ_{E} 和 γ_{θ} 的取值规定可知，对不同杆塔类型，当取 γ_{E} 和 γ_{θ} 为最大值时，即可计算得到不同荷载工况和杆塔类型基础的最小安全系数 $K_{\min}$ 及其对应的最小可靠度指标 $\beta_{\min}$，结果如表 4-23 所示。

表 4-23　不同荷载工况和杆塔类型基础的最小安全系数 $K_{\min}$ 及其对应的最小可靠度指标 $\beta_{\min}$

杆塔类型	计算参数取值			$K_{\min}$	$\beta_{\min}$	
	γ_{f}	γ_{E}	γ_{θ}		最大风荷载	覆冰荷载
悬垂型杆塔	1.1	1.0	1.0	2.97	3.902	3.965
耐张直线（0°转角）及悬垂转角杆塔	1.3	1.0	1.0	3.51	4.414	4.487
耐张转角、终端、大跨越塔	1.6	1.0	1.0	4.32	5.046	5.130

在我国，500kV 输电线路杆塔的可靠度指标不低于 3.2，1000kV 和 ±800kV特高压输电线路杆塔的可靠度指标不低于 3.7。根据表 4-23 结果，戈壁掏挖扩底基础抗拔承载力设计安全系数最小值为 2.97，对应可靠度指标将大于 3.90，能够满足杆塔基础设计安全、经济、合理的要求。

第五章

基于强度和变形统一的戈壁基础抗拔设计

第一节 描述基础荷载—位移曲线的双曲线方程及其参数

当前，基础抗拔荷载位移研究多偏重于基础的极限承载力，而对上拔荷载作用下基础位移控制的研究成果相对较少，甚至因忽视位移的控制作用而不利于工程安全稳定运行。因此，研究基础抗拔荷载、位移的预测与控制计算方法，建立基于强度和变形统一的戈壁掏挖基础抗拔工程设计将更为直接和合理，这就首先需要对荷载—位移曲线进行数学描述。目前，描述基础荷载—位移关系曲线的数学模型较多，主要有双曲线模型、指数模型、抛物线模型、幂函数模型等。这些数学模型都是针对不同的基础类型与地基条件，有各自相应的适用性，其中双曲线模型因其参数少、物理意义明确而被广泛应用。

一、双曲线数学方程与参数

双曲线模型如图 5－1 所示，其数学方程为

$$y=\frac{x}{A+Bx} \tag{5-1}$$

式中 A、B——双曲线模型参数。

当式（5－1）中 x 趋向于无穷大时，有

$$\lim_{x\to\infty}y=\lim_{x\to\infty}\frac{x}{A+Bx}=\frac{1}{B}=y_{\max} \tag{5-2}$$

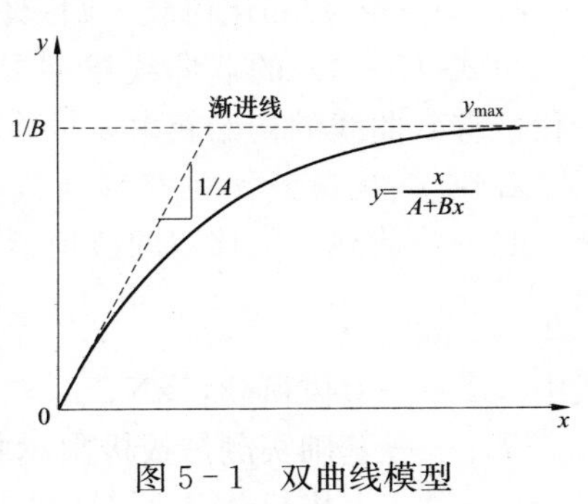

图 5－1 双曲线模型

式（5－2）表明，$1/B$ 为双曲线渐进线，也是 y 的最大值。

对式（5－1）求导，可得到双曲线上任意点切线刚度

$$k_s = \frac{A}{(A+Bx)^2} \tag{5-3}$$

由此，可由式（5－3）计算得到双曲线初始切线刚度，即

$$k_{si} = \lim_{x\to 0} k_s = \lim_{x\to 0}\frac{A}{[A+Bx]^2} = \frac{1}{A} \tag{5-4}$$

综上所述，双曲线模型参数 A 和 B 具有明确的物理意义：$1/A$ 为双曲线初始斜率，$1/B$ 为 y 的最大值。

二、描述基础荷载—位移曲线的双曲线模型

在应用式（5－1）的双曲线模型数学方程描述基础荷载—位移曲线时，不同学者根据问题研究的需要，提出了不同的抗拔基础荷载—位移双曲线方程表达形式，主要有以下两种形式。

1．归一化荷载—归一化位移双曲线模型

归一化荷载—归一化位移双曲线模型数学方程为

$$\frac{T}{T_{um}} = \frac{\left(\frac{s}{h_t}\right)}{\left[a' + b'\left(\frac{s}{h_t}\right)\right]} \tag{5-5}$$

式中 $\frac{T}{T_{um}}$——基础抗拔归一化荷载，无量纲；

T——基础上拔荷载，kN；

T_{um}——抗拔基础实测极限承载力，kN；

$\left(\frac{s}{h_t}\right)$——归一化位移，无量纲；

s——上拔荷载 T 所对应的位移，mm；

h_t——基础抗拔埋深，mm；

a'、b'——归一化荷载—归一化位移双曲线模型参数。

由式（5－1）的双曲线模型参数的物理意义可知，$1/a'$为归一化荷载—归一化位移双曲线的初始斜率，$1/b'$为基础抗拔归一化荷载 T/T_{um}的最大值。

2．归一化荷载—位移双曲线模型

归一化荷载—位移双曲线模型数学方程为

$$\frac{T}{T_{um}} = \frac{s}{a+bs} \tag{5-6}$$

式中 T——上拔荷载，kN；

T_{um}——基础实测抗拔极限承载力，kN；

s——上拔荷载 T 所对应的位移，mm；

a、b——归一化荷载—位移双曲线模型参数。

由式（5－1）的双曲线模型参数的物理意义可知，$1/a$ 为归一化荷载—位移双曲线初始斜率，$1/b$ 为基础抗拔归一化荷载 T/T_{um} 的最大值。

第二节　戈壁掏挖扩底基础与回填土扩展基础抗拔性能比较

一、归一化荷载—归一化位移双曲线模型参数

美国学者 Kulhaway 和 Stewart 等先后采用式（5－5）所示的归一化荷载—归一化位移双曲线模型拟合分析了回填土扩展基础的归一化荷载—归一化位移曲线，并分别给出了具有 50％和 95％保证概率的扩展基础归一化荷载—归一化位移双曲线模型拟合计算参数，其归一化荷载—归一化位移双曲线模型参数 a' 和 b'由式（5－7）确定

$$\begin{cases} a' = \dfrac{\left(\dfrac{s}{h_t}\right)_{0.5}\left(\dfrac{s}{h_t}\right)_u}{\left[\left(\dfrac{s}{h_t}\right)_u - \left(\dfrac{s}{h_t}\right)_{0.5}\right]} \\ b' = \dfrac{\left[\left(\dfrac{s}{h_t}\right)_u - 2\left(\dfrac{s}{h_t}\right)_{0.5}\right]}{\left[\left(\dfrac{s}{h_t}\right)_u - \left(\dfrac{s}{h_t}\right)_{0.5}\right]} \end{cases} \tag{5-7}$$

式中　$\left(\dfrac{s}{h_t}\right)_u$——基础抗拔极限承载力对应位移与抗拔埋深 h_t的比值，无量纲；

$\left(\dfrac{s}{h_t}\right)_{0.5}$——50％基础抗拔极限承载力对应位移与抗拔埋深 h_t的比值，无量纲。

式（5－7）表明，双曲线拟合参数 a' 和 b'值将因承载力及其对应位移的确定方法不同而不同，Kulhaway 和 Stewart 是按双直线交点法取扩展基础抗拔极限承载力。

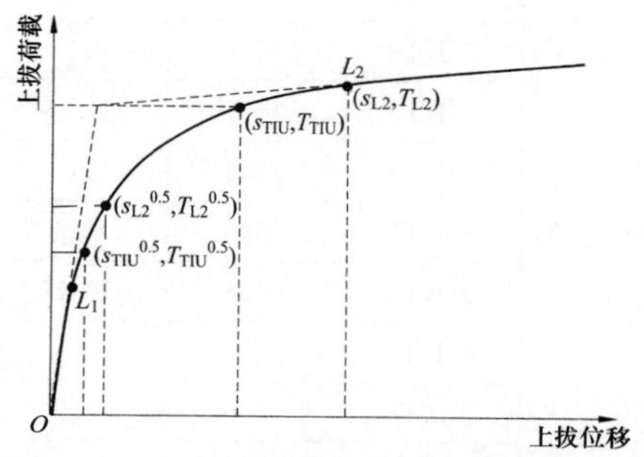

图 5－2　归一化荷载—归一化位移双曲线模型参数计算中荷载与位移确定

图 5－2 所示为归一化荷载—归一化位移双曲线模型参数计算中荷载与位移确定，其中记 $s_{TIU}{}^{0.5}$ 为双直线交点法确定的 50％极限承载力 $T_{TIU}{}^{0.5}$ 所对应的上拔位移。为进一步进行对比分析，记 $s_{L2}{}^{0.5}$ 为 L_1—L_2 方法确定的 50％极限承

载力 $T_{L2}{}^{0.5}$ 所对应的上拔位移。

根据试验结果得到各场地掏挖扩底试验基础承载力和位移汇总结果，如表 5－1 和表 5－2 所示。

表 5－1　　甘肃地区掏挖扩底试验基础承载力和位移汇总结果

场地编号	基础编号	T_{STU} (kN)	s_{TIU} (mm)	$s_{TIU}{}^{0.5}$ (mm)	T_{L2} (kN)	s_{L2} (mm)	$s_{L2}{}^{0.5}$ (mm)
GS－GTX	1/KT1	443	5.99	0.57	450	7.29	0.58
	1/KT2	1288	8.03	1.36	1326	10.10	1.45
	1/KT3	2788	10.19	1.61	2875	12.10	1.80
	1/KT4	2235	11.65	1.95	2349	14.80	2.25
	1/KT5	5378	17.64	1.71	6251	29.80	2.53
	1/KT6	2021	17.37	2.46	2203	24.10	2.90
	1/KT7	6233	10.64	1.75	7428	19.75	2.57
	1/KT8	3425	19.07	2.66	3667	25.40	3.21
	1/KT9	5103	7.01	1.03	7286	21.50	2.60
GS－SDX	2/KT1	346	12.81	2.15	361	14.70	2.28
	2/KT2	1043	11.37	1.72	1097	17.30	1.76
	2/KT3	3591	7.67	1.16	3659	11.00	1.29
	2/KT4	2255	14.18	3.40	2349	17.70	3.64
	2/KT5	4884	6.22	1.98	7409	14.46	3.40
	2/KT6	2678	16.21	3.97	2768	19.30	4.18
	2/KT7	7132	3.03	1.14	7534	3.60	1.19
	2/KT8	3110	17.38	5.46	3403	22.60	5.89
	2/KT9	5798	7.83	3.31	8630	13.70	5.07
GS－JCB	3/KT1	555	10.30	1.93	576	12.43	2.06
	3/KT2	1650	8.75	2.48	1668	11.53	2.54
	3/KT3	4471	11.19	1.87	4524	12.60	1.99
	3/KT4	3104	9.61	3.09	3246	14.80	3.29
	3/KT5	5883	8.39	1.61	7333	14.40	2.77
	3/KT6	3136	10.79	2.21	3211	13.10	2.28
	3/KT7	5585	5.61	2.08	7964	14.33	3.23
	3/KT8	3450	11.76	5.18	3744	14.05	5.67
	3/KT9	5387	3.77	1.33	8571	9.80	2.45

续表

场地编号	基础编号	T_{STU}（kN）	s_{TIU}（mm）	$s_{TIU}^{0.5}$（mm）	T_{L2}（kN）	s_{L2}（mm）	$s_{L2}^{0.5}$（mm）
GS-JQB	4/KT1	599	2.28	1.04	604	3.90	1.14
	4/KT2	1132	7.43	1.69	1155	8.50	2.68
	4/KT3	1931	5.23	1.69	1955	5.70	1.73
	4/KT5	1830	6.57	1.18	1900	7.79	1.28
	4/KT8	4378	10.38	4.13	4522	11.50	4.32
	4/KT12	3278	5.24	1.75	3288	5.70	1.79
	4/KT13	4234	6.48	1.77	4592	8.50	1.97

表 5-2　　新疆地区掏挖扩底试验基础承载力和位移汇总结果

场地编号	基础编号	T_{STU}（kN）	s_{TIU}（mm）	$s_{TIU}^{0.5}$（mm）	T_{L2}（kN）	s_{L2}（mm）	$s_{L2}^{0.5}$（mm）
XJ-YH	1/KT1	670	8.68	1.65	724	12.40	2.04
	1/KT6	1706	25.80	2.41	2129	52.20	5.51
XJ-ERD	2/KT1	754	7.82	1.24	761	8.90	1.29
	2/KT2	869	8.46	1.07	904	10.30	1.19
	2/KT3	2377	7.72	1.41	2637	13.80	1.79
	2/KT4	1848	14.72	0.81	1895	17.60	0.88
	2/KT5	3038	13.23	2.01	3300	19.50	2.17
	2/KT6	3050	17.81	1.51	3355	30.50	2.69
	2/KT7	5922	23.71	2.81	6561	37.40	3.67
	2/KT8	4058	18.27	3.24	4228	22.30	3.31
	2/KT9	8075	8.24	2.92	8490	9.22	3.06
XJ-DWY	3/KT3	1798	7.58	0.81	2017	11.70	1.28

二、不同保证概率下戈壁掏挖扩底基础抗拔荷载—位移预测曲线与实测数据比较

根据表 5-1 和表 5-2 数据，可对每一个试验基础，分别按照双直线交点法、L_1—L_2 方法确定的抗拔极限承载力所对应的上拔位移 s_{TIU} 和 s_{L2}，以及 50% 抗拔极限承载力所对应的上拔位移 $s_{TIU}^{0.5}$ 和 $s_{L2}^{0.5}$ 计算无量纲位移 $\left(\frac{s}{h_t}\right)_{0.5}$ 和 $\left(\frac{s}{h_t}\right)_u$，并分别记为 $\left(\frac{s_{TIU}}{h_t}\right)_u$、$\left(\frac{s_{L2}}{h_t}\right)_u$ 和 $\left(\frac{s_{L2}}{h_t}\right)_{0.5}$、$\left(\frac{s_{TIU}}{h_t}\right)_{0.5}$。

以双直线交点法、L_1—L_2 方法确定的归一化位移$\left(\frac{s}{h_t}\right)_{0.5}$和$\left(\frac{s}{h_t}\right)_u$为纵坐标轴，而以小于归一化位移$\left(\frac{s}{h_t}\right)_{0.5}$和$\left(\frac{s}{h_t}\right)_u$某数值的数据个数百分率为横坐标轴，即可绘制图 5-3 和图 5-4 所示的累积曲线图。其中，图 5-3 中抗拔极限承载力及其位移采用双直线交点法确定，而图 5-4 则采用 L_1-L_2 方法确定。

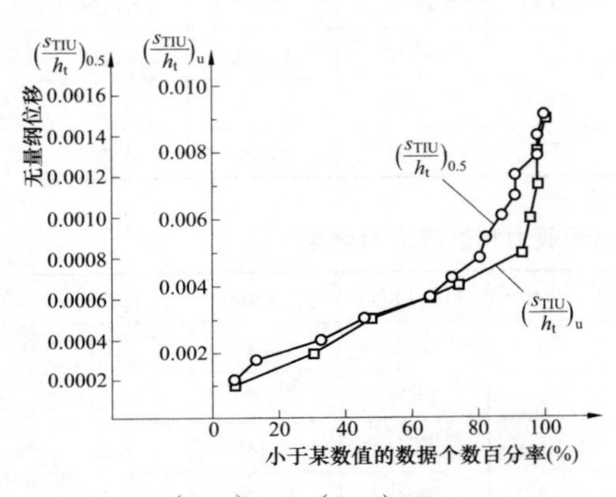

图 5-3 $\left(\frac{s_{TIU}}{h_t}\right)_{0.5}$、$\left(\frac{s_{TIU}}{h_t}\right)_u$小于某数值的数据个数百分率累积曲线

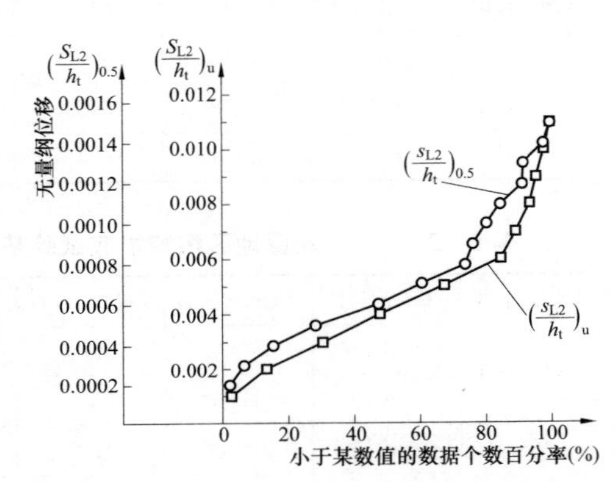

图 5-4 $\left(\frac{s_{L2}}{h_t}\right)_{0.5}$、$\left(\frac{s_{L2}}{h_t}\right)_u$小于某数值的数据个数百分率累积曲线

以$\left(\frac{s}{h_t}\right)_{0.5}$和$\left(\frac{s}{h_t}\right)_u$数据值小于某一数值的数据个数的百分率等于 50%和 95%确定$\left(\frac{s}{h_t}\right)_{0.5}$和$\left(\frac{s}{h_t}\right)_u$值，并进一步按照式（5-7）确定具有 50%和 95%保证率的双曲线模型参数 a'和 b'，结果如表 5-3 所示。

表 5-3　　归一化位移及双曲线模型参数值

可靠度水平	双直线交点法				L_1—L_2 方法				Kulhawy 方法	
	$\left(\frac{s_{TIU}}{h_t}\right)_{0.5}$	$\left(\frac{s_{TIU}}{h_t}\right)_u$	a'	b'	$\left(\frac{s_{L2}}{h_t}\right)_{0.5}$	$\left(\frac{s_{L2}}{h_t}\right)_u$	a'	b'	a'	b'
50%	0.0005	0.0031	0.0006	0.8077	0.0006	0.0041	0.0007	0.8286	0.003	0.79
95%	0.0013	0.0057	0.0017	0.7045	0.0014	0.0086	0.0017	0.8056	0.012	0.80

应用表 5-3 的统计数据，得到图 5-5 所示的归一化荷载—归一化位移双曲线拟合结果与试验实测数据的比较。其中，图 5-5（a）中抗拔基础实测极限承载力 $T_{um}=T_{TIU}$，纵坐标为归一化荷载，即$\frac{T}{T_{um}}=\frac{T}{T_{TIU}}$，横坐标为归一化位

移，取上拔荷载 T 对应位移 s 与抗拔埋深 h_t 的比值。同理，图 5-5（b）中抗拔基础实测极限承载力 $T_{um}=T_{L2}$，即 $\frac{T}{T_{um}}=\frac{T}{T_{L2}}$，横坐标也是无量纲位移，取上拔荷载 T 对应位移 s 与抗拔埋深 h_t 的比值。

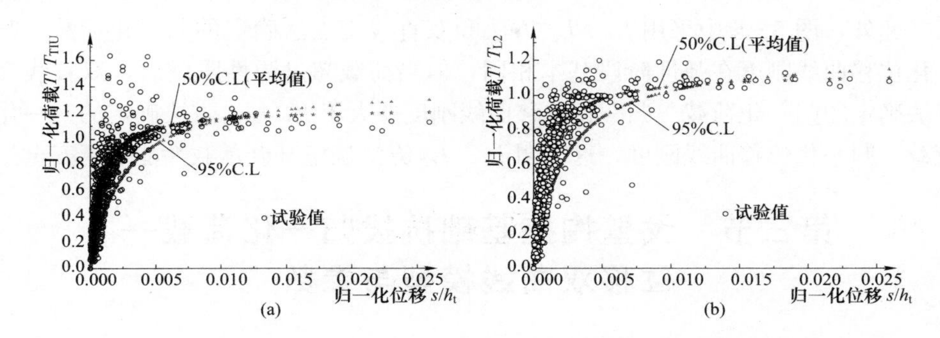

图 5-5　归一化荷载—归一化位移双曲线拟合结果与试验实测数据的比较
（a）双直线交点法；（b）L_1—L_2 方法

图 5-5 表明，a' 和 b' 具有 50%保证概率（平均值）的归一化荷载—位移拟合曲线代表了试验数据的平均值，所有试验基础荷载—位移曲线的刚度要大于按 a' 和 b' 具有 95%保证概率的归一化荷载—位移拟合曲线。

三、戈壁掏挖扩底基础与回填土扩展基础抗拔归一化荷载—位移模型预测曲线比较

根据表 5-3 中具有 95%保证概率的归一化荷载—归一化位移双曲线拟合参数 a' 和 b'，得到戈壁碎石土掏挖扩底基础抗拔归一化荷载—归一化位移预测曲线，将其与 Kulhaway 和 Stewart 等回填土扩展基础抗拔归一化荷载—位移模型预测曲线进行比较，如图 5-6 所示。

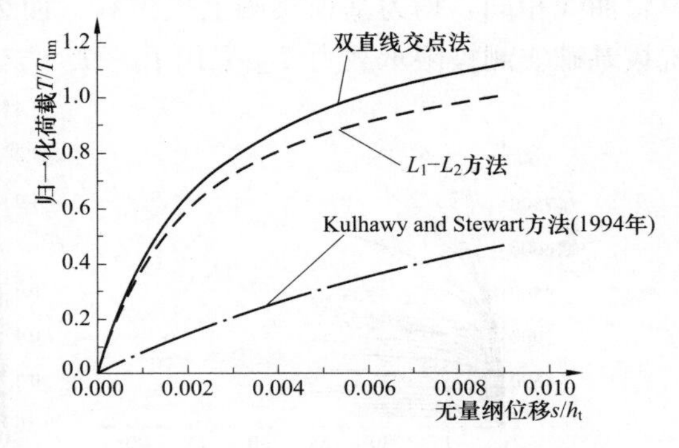

图 5-6　不同计算模型下戈壁掏挖扩底基础抗拔归一化荷载—归一化位移预测曲线比较

从图 5-6 可以看出，双直线交点法和 L_1—L_2 方法确定的归一化荷载—归一化位移预测曲线刚度要大于回填土扩展基础的预测曲线，这主要是由于基础型式和土质条件的不同。Kulhawy 等人研究的

基础为金属装配式和混凝土扩展基础，其抗拔土体均为回填土。一般情况下，回填土体的内摩擦角要小于原状土，在 Kulhawy 等人研究中，抗拔回填土内摩擦角小于 30°，小于戈壁地基内摩擦角，因此任意一位移点戈壁碎石土掏挖扩底基础抗拔荷载—位移曲线刚度都大于回填土扩展基础荷载—位移曲线刚度。

此外，图 5－6 中采用 $L_1—L_2$ 方法和双直线交点法确定的归一化荷载—归一化位移曲线刚度在弹性阶段基本相同，但当荷载超过弹性阶段后，双直线交点法确定的归一化荷载—归一化位移曲线刚度要大于 $L_1—L_2$ 方法确定的归一化荷载—归一化位移曲线刚度，这表明 $L_1—L_2$ 方法确定基础承载性能偏于安全。

第三节　戈壁掏挖基础抗拔归一化荷载—位移双曲线模型与参数

一、实测荷载—位移曲线与归一化荷载—位移曲线比较

基础抗拔归一化荷载—位移双曲线模型如式（5-6）所示，该式表明，每一条实测荷载—位移关系曲线都可采用归一化荷载—位移曲线表示。图 5－7 和图 5－8分别为戈壁掏挖扩底基础和戈壁掏挖直柱基础的实测荷载—位移曲线与归一化荷载—位移曲线比较。其中，图 5－7（a）和为 5－8（a）分别是 46 个掏挖扩底基础和 19 个掏挖直柱基础的抗拔基础实测荷载—位移曲线，其横坐标为基顶实测上拔位移，纵坐标为基础上拔荷载；图 5－7（b）和图 5－8（b）分别为按照式（5－6）得到的实测归一化荷载—位移曲线，其横坐标与实测荷载—位移曲线相同，均为基顶实测上拔位移，而纵坐标则为归一化荷载 T/T_{L2}，即抗拔基础实测极限承载力 T_{um}采用 $L_1—L_2$ 方法确定的 T_{L2}。

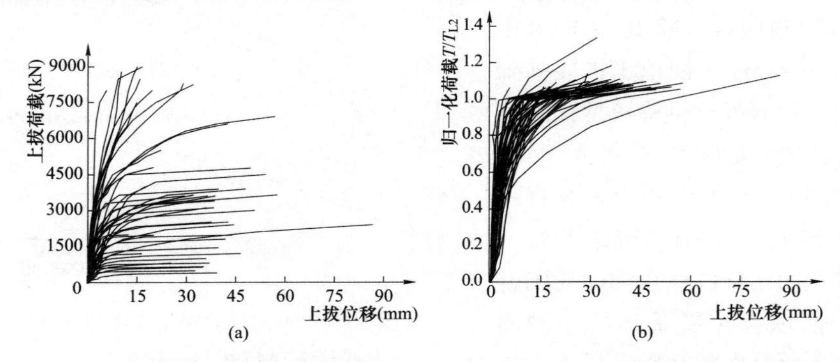

图 5－7　戈壁掏挖扩底基础实测荷载—位移曲线与归一化荷载—位移曲线比较

（a）实测荷载—位移曲线；（b）归一化荷载—位移曲线

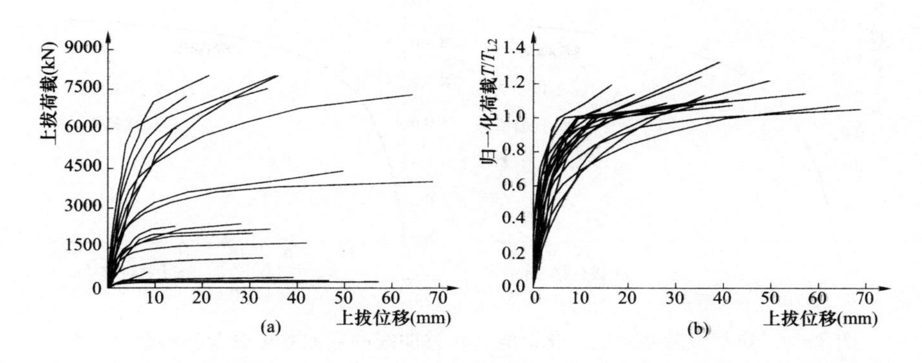

图 5－8　戈壁掏挖直柱基础实测荷载—位移曲线与归一化荷载—位移曲线比较

(a) 实测荷载—位移曲线；(b) 归一化荷载—位移曲线

比较图 5－7 和图 5－8 中的实测荷载—位移曲线与归一化荷载—位移曲线可看出，归一化荷载—位移曲线的离散性明显小于实测荷载—位移曲线，采用归一化荷载—位移曲线可显著减小实测数据的离散性，便于问题的分析。

二、归一化荷载—位移双曲线模型及其参数

图 5－9 所示为 4 个典型试验基础归一化荷载—位移曲线的双曲线拟合及其参数。图中横坐标表示基础上拔位移，纵坐标为归一化荷载，抗拔基础实测极限承载力 T_{um} 采用 T_{L2}。根据实测基础归一化荷载—位移曲线数据，采用式（5－6）所示的双曲线模型进行拟合即可得该模型参数 a 和 b 的取值。

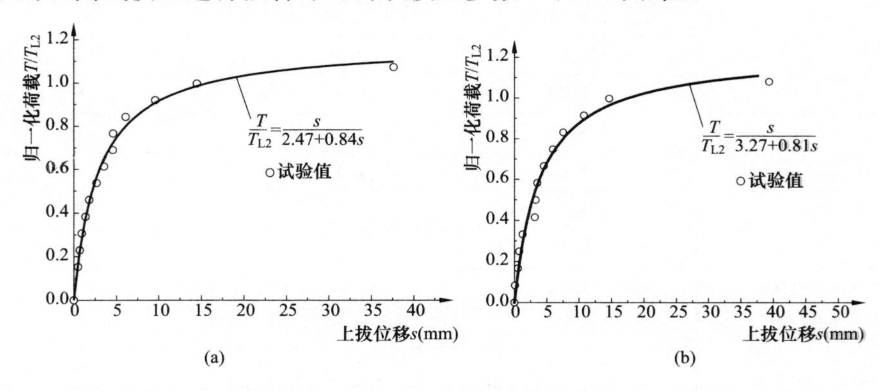

图 5－9　典型试验基础归一化荷载—位移曲线的双曲线拟合及其参数（一）

(a) GS－GTX 场地基础 1/KT4；(b) GS－SDX 场地基础 2/KT1

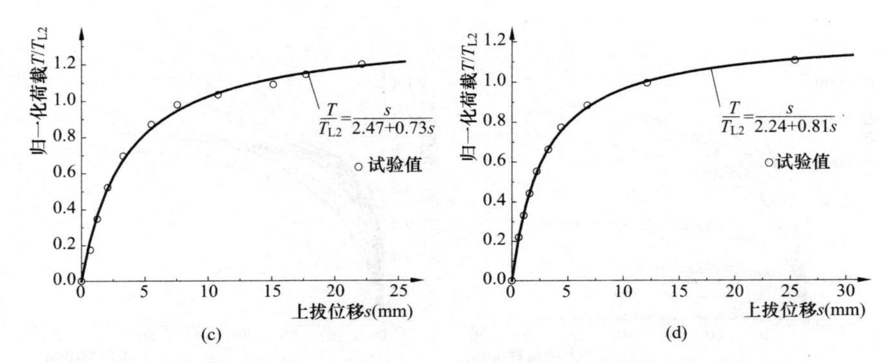

图 5-9　典型试验基础归一化荷载—位移曲线的双曲线拟合及其参数（二）
(c) GS-JQB 场地基础 4/KT13；(d) XJ-YH 场地基础 1/KT1

对其余所有试验基础也采用与图 5-9 相同的处理方法，可得到所有试验基础的归一化荷载—位移双曲线模型方程及其拟合参数 a 和 b。各试验基础双曲线模型参数 a 和 b 取值分别如表 5-4～表 5-7 所示，其中各抗拔试验基础实测极限承载力取 T_{L2}。

表 5-4　甘肃地区掏挖扩底基础双曲线模型参数 a 和 b 取值

场地编号	基础编号	a（mm）	b（无量纲）
GS-GTX	1/KT1	0.68	0.88
	1/KT2	1.62	0.83
	1/KT3	2.24	0.82
	1/KT4	2.47	0.84
	1/KT5	2.59	0.96
	1/KT6	3.65	0.85
	1/KT7	2.98	0.86
	1/KT8	3.36	0.91
	1/KT9	2.88	0.86
GS-SDX	2/KT1	3.27	0.81
	2/KT2	1.68	0.87
	2/KT3	1.42	0.86
	2/KT4	4.96	0.73
	2/KT5	4.87	0.69
	2/KT6	5.38	0.75
	2/KT7	2.50	0.39
	2/KT8	9.53	0.57
	2/KT9	9.04	0.35

续表

场地编号	基础编号	a（mm）	b（无量纲）
GS－JCB	3/KT1	2.84	0.78
	3/KT2	2.90	0.77
	3/KT3	2.60	0.80
	3/KT4	3.85	0.75
	3/KT5	3.38	0.79
	3/KT6	3.21	0.75
	3/KT7	4.40	0.67
	3/KT8	9.97	0.30
	3/KT9	4.01	0.69
GS－JQB	4/KT1	1.04	0.80
	4/KT2	3.25	0.64
	4/KT3	1.86	0.73
	4/KT5	1.42	0.85
	4/KT8	5.53	0.58
	4/KT12	1.71	0.79
	4/KT13	2.47	0.73

表5－5　　新疆地区掏挖扩底基础双曲线模型参数 a 和 b 取值

场地编号	基础编号	a（mm）	b（无量纲）
XJ－YH	1/KT1	2.24	0.81
	1/KT6	5.46	0.93
XJ－ERD	2/KT1	1.35	0.86
	2/KT2	1.25	0.89
	2/KT3	2.09	0.82
	2/KT4	0.79	1.06
	2/KT5	2.98	0.84
	2/KT6	1.89	0.99
	2/KT7	3.55	0.95
	2/KT8	3.32	0.89
	2/KT9	4.35	0.62
XJ－DWY	3/KT3	0.82	0.79

表 5-6　　甘肃地区掏挖直柱基础双曲线模型参数 a 和 b 取值

场地编号	基础编号	a (mm)	b (无量纲)
GS-GTX	1/ZT1	2.10	0.57
	1/ZT2	2.87	0.71
	1/ZT3	4.85	0.90
GS-SDX	2/ZT1	0.71	0.90
	2/ZT2	2.21	0.84
	2/ZT3	3.47	0.69
GS-JCB	3/ZT1	1.47	0.70
	3/ZT2	3.78	0.72
	3/ZT3	3.73	0.71
	3/ZT4	1.94	0.71
	3/ZT5	6.51	0.74
	3/ZT6	8.31	0.67
	3/ZT7	3.39	0.78
GS-JQB	4/ZT1	2.96	0.70
	4/ZT2	6.16	0.51

表 5-7　　新疆地区掏挖直柱基础双曲线模型参数 a 和 b 取值

场地编号	基础编号	a (mm)	b (无量纲)
XJ-YH	5/ZT1	0.92	0.93
	5/ZT2	3.54	0.79
XJ-ERD	6/ZT1	1.87	0.90
	6/ZT2	2.31	0.97

三、归一化荷载—位移双曲线拟合参数的相关性分析

据表 5-4～表 5-7 中所有试验基础双曲线模型参数 a 和 b，以 b 为横坐标、a 为纵坐标，可绘制出图 5-10 所示的戈壁掏挖基础双曲线模型拟合参数散点分布图及其线性拟合。

根据每一个试验基础归一化荷载—位移双曲线模型 a 和 b 所对应的数组 (a_i, b_i)，计算 a 和 b 的相关系数 ρ_{ab}

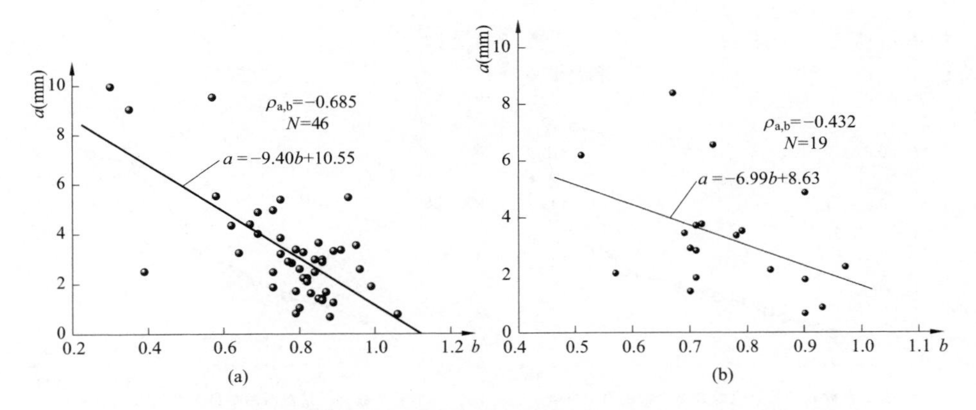

图 5－10　戈壁掏挖基础双曲线模型拟合参数散点分布图及其线性拟合

（a）掏挖扩底基础；（b）掏挖直柱基础

$$\rho_{ab}=\frac{\sum_{i=1}^{N}(a_i-\overline{a})(b_i-\overline{b})}{\sqrt{\sum_{i=1}^{N}(a_i-\overline{a})^2\sum_{i=1}^{N}(b_i-\overline{b})^2}} \tag{5-8}$$

经计算，戈壁掏挖扩底基础和掏挖直柱基础的 ρ_{ab} 值分别为－0.685 和－0.432。

由此可见，基础归一化荷载—位移双曲线模型拟合参数 a 和 b 之间具有明显的负相关关系。从物理意义上看，这种负相关性表明，归一化荷载—位移双曲线初始斜率（$1/a$）随着双曲线渐进线值（$1/b$）的减小而增大，反之亦然。

第四节　戈壁掏挖基础抗拔荷载—位移曲线预测

一、归一化荷载—位移双曲线拟合参数统计分析

通过对实测荷载—位移曲线的分析可知，戈壁掏挖抗拔基础归一化荷载—位移双曲线模型的不确定性可转化为该双曲线拟合参数 a 和 b 的统计不确定性。

图 5－11 为戈壁掏挖基础双曲线模型拟合参数 a 和 b 小于某数值的数据个数百分率累积曲线。图中纵坐标有 2 个，分别表示参数 a 或 b 的大小，而横坐标则表示小于参数 a 或 b 某数值的数据个数的百分比。

根据图 5－11 结果，可以对归一化荷载—位移双曲线模型拟合参数 a 和 b 进行统计分析，结果如表 5－8 所示。

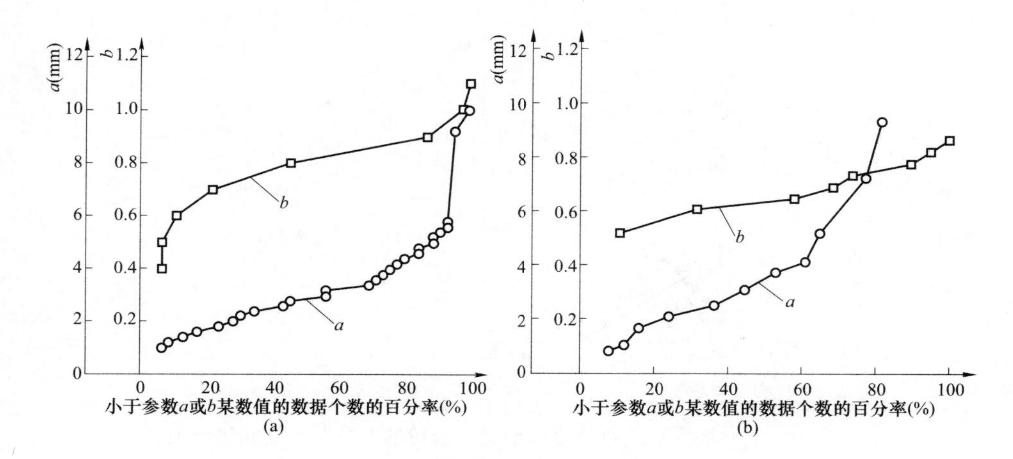

图 5－11　戈壁掏挖基础双曲线模型拟合参数 a 和 b

小于某数值的数据个数百分率累积曲线

（a）掏挖扩底基础；（b）掏挖直柱基础

表 5－8　戈壁掏挖基础归一化荷载—位移双曲线模型拟合参数 a 和 b 的统计结果

基础类型	拟合参数	最小值（Min）	最大值（Max）	均值（Mean）	标准差（S. D）	变异系数（COV）	95%保证概率（95% C. L）
扩底基础	a（mm）	0.68	9.97	3.25	2.10	0.64	8.13
	b（无量纲）	0.30	1.06	0.78	0.15	0.20	0.98
直柱基础	a（mm）	8.31	0.71	3.32	1.97	0.59	7.20
	b（无量纲）	0.97	0.51	0.76	0.12	0.16	0.96

二、不同保证概率下戈壁掏挖基础抗拔荷载—位移双曲线预测曲线

1. 戈壁掏挖基础抗拔归一化荷载—位移拟合曲线与实测数据比较

考虑到戈壁掏挖基础抗拔归一化荷载—位移双曲线模型拟合参数 a 和 b 与荷载—位移曲线之间的一一对应关系，应用表 5－8 中的统计数据，就可以得到不同保证概率下戈壁掏挖基础抗拔归一化荷载—位移双曲线预测曲线。50%和 95%保证概率是实际工程中常用的两种概率模型，应用 50%和 95%保证概率分别得到图 5－12 所示的戈壁原状土掏挖基础双曲线拟合结果与试验实测数据的比较。

图 5-12 表明，按 a 和 b 均值得到的归一化荷载—位移拟合曲线基本上代表了试验数据的平均值，而所有试验基础荷载—位移曲线的刚度都远大于按 a 和 b

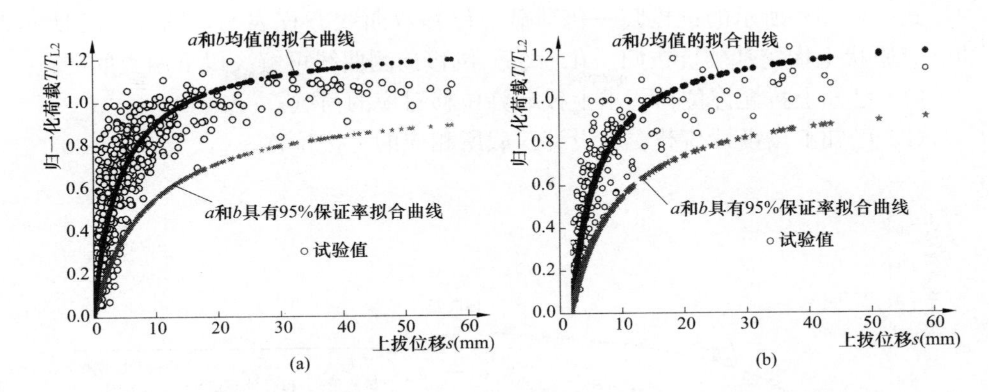

图 5－12　戈壁原状土掏挖基础双曲线拟合结果与试验实测数据的比较

（a）掏挖扩底基础；（b）掏挖直柱基础

具有 95％保证率的归一化荷载—位移拟合曲线。

2. 戈壁掏挖基础抗拔荷载—位移预测曲线

按表 5－8 中拟合参数 a 和 b 均值、±1 倍标准差及具有 95％保证概率的 4 种情况下的取值，可得到如图 5－13 所示的戈壁原状土掏挖基础抗拔归一化荷载—位移预测曲线。同时，式（5－6）也表明，由给定的位移也可以计算出相应的归一化荷载 T/T_{um}值。根据初始直线斜率法、双直线交点法、L_1—L_2 方法确定的位移 s_{L1}，s_{STU}，s_{TIU}，s_{L2}统计的均值，得到相应于 a 和 b 均值所对应的归一化荷载的拟合计算值，并分别列于图 5－13 中。

图 5－13（a）为掏挖扩底基础抗拔归一化荷载—位移预测曲线，根据平均位移计算得到的 T_{L1}/T_{L2}、T_{STU}/T_{L2}、T_{TIU}/T_{L2}和 T_{L2}/T_{L2}的拟合计算值分别为 0.43、0.82、0.94 和 1.02，T_{L1}/T_{L2}、T_{STU}/T_{L2}的拟合值均小于试验实测值，而 T_{TIU}/T_{L2}和 T_{L2}/T_{L2}拟合计算值略大于试验实测值。图 5－13（b）为掏挖直柱基础抗拔归一化荷载—位移预测曲线，根据平均位移计算得到的 T_{L1}/T_{L2}、T_{STU}/T_{L2}、T_{TIU}/T_{L2}和 T_{L2}/T_{L2}的拟合计算值分别为 0.45、0.85、0.95 和 1.03，T_{L1}/T_{L2}、T_{STU}/T_{L2}的拟合值也均小于试验实测值，而 T_{TIU}/T_{L2}和 T_{L2}/T_{L2}拟合计算值也均略大于试验实测值。

由于土质条件、基础尺寸和施工质量的差异，应用图 5-13 所示曲线预测基础承载力和位移仍存不确定性。因此，实际工程设计中可根据基础承载力和上部结构位移要求，选择图 5-13 中不同保证率条件下的归一化荷载—位移曲线进行抗拔基础的荷载、位移预测和设计。为保证设计安全，建议采用具有 95％保证率的荷载—位移预测曲线进行基础设计。

式（5－6）所示的抗拔归一化荷载—位移双曲线方程表明，图 5－13 所示的戈壁原状土掏挖基础抗拔归一化荷载—位移预测曲线可解决以下两类问题：

（1）已知上拔允许位移，求上拔允许位移对应的荷载；

（2）已知上拔设计荷载，求设计荷载所相应的上拔位移。

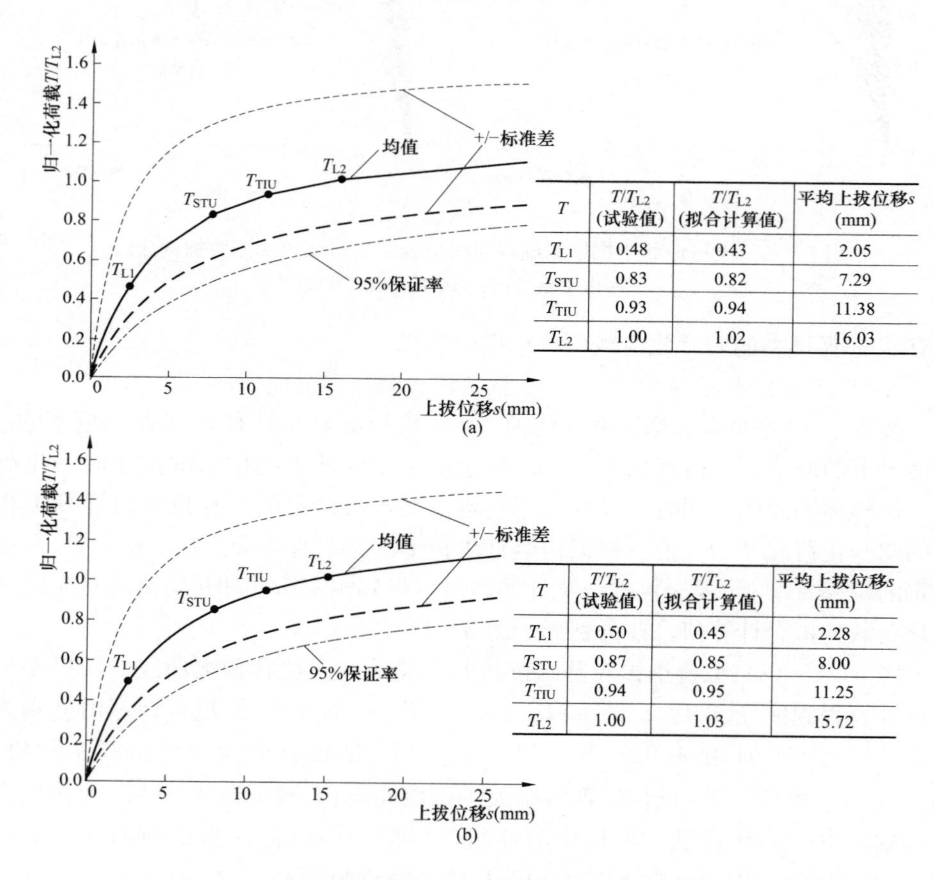

(a)

T	T/T_{L2} (试验值)	T/T_{L2} (拟合计算值)	平均上拔位移s (mm)
T_{L1}	0.48	0.43	2.05
T_{STU}	0.83	0.82	7.29
T_{TIU}	0.93	0.94	11.38
T_{L2}	1.00	1.02	16.03

(b)

T	T/T_{L2} (试验值)	T/T_{L2} (拟合计算值)	平均上拔位移s (mm)
T_{L1}	0.50	0.45	2.28
T_{STU}	0.87	0.85	8.00
T_{TIU}	0.94	0.95	11.25
T_{L2}	1.00	1.03	15.72

图 5－13　戈壁原状土掏挖基础抗拔归一化荷载—位移预测曲线

（a）掏挖扩底基础；（b）掏挖直柱基础

第五节　基于强度和变形统一的基础抗拔荷载与位移控制计算

在基础极限状态设计中，对基础承载力设计通常按极限状态考虑（Ultimate Limit State，ULS)，而对基础变形设计通常考虑正常使用极限状态（Serviceability Limit State，SLS)。如前所述，可采用双曲线数学模型描述基础的荷载—位移特性，并进一步通过研究基础荷载—位移曲线数学模型拟合参数的不确定性，来研究基础承载力和变形的不确定性。

假设正常使用极限状态下基础允许荷载为 T_a，其对应允许位移为 s_a，则由式（5－6）可得到：

$$\frac{T_a}{T_{um}} = \frac{s_a}{a + bs_a} \tag{5-9}$$

记：

$$\frac{s_a}{a + bs_a} = M_s \tag{5-10}$$

由此得到正常使用极限状态下基础允许荷载与抗拔极限荷载实测值之间的关系式：

$$T_a = \frac{s_a}{a + bs_a} T_{um} = M_s T_{um} \tag{5-11}$$

称 M_s 为正常使用极限状态下基础荷载—位移曲线模型不确定性参数。

由式（5－10）可知，M_s 是一个随机变量，其均值和变异系数可根据双曲线模型拟合参数 a、b 以及允许位移 s_a 按式（5－12）确定。

$$\begin{cases} \mu_{M_s} = \dfrac{s_a}{\mu_a + \mu_b s_a} \\[2ex] COV_{M_s} = \dfrac{\sqrt{\sigma_a^2 + s_a^2 \sigma_b^2 + 2 s_a \rho_{ab} \sigma_a \sigma_b}}{\mu_a + \mu_b s_a} \end{cases} \tag{5-12}$$

式中　μ_a——实测归一化荷载—位移双曲线模型拟合参数 a 的均值；

μ_b——实测归一化荷载—位移双曲线模型拟合参数 b 的均值；

σ_a——实测归一化荷载—位移双曲线模型拟合参数 a 的标准差；

σ_b——实测归一化荷载—位移双曲线模型拟合参数 b 的标准差；

ρ_{ab}——a 和 b 的相关系数；

s_a——正常使用状态下基础允许位移。

式（5－12）表明，根据双曲线模型拟合参数 a 和 b 的统计结果及允许位移 s_a 计算 M_s 的均值和变异系数时，计算结果将因允许位移 s_a 不同而不同。根据表 5－8所示的归一化荷载—位移双曲线模型拟合参数 a 和 b 的统计结果，得到不同允许位移 s_a 所对应的 M_s 取值如表 5－9 所示。

表 5－9　　不同允许位移 s_a 所对应的 M_s 取值

参数 a（mm）		参数 b（无量纲）		a 和 b 的相关系数（ρ_{ab}）	允许位移 s_a（mm）	参数 M_s	
均值（μ_a）	标准差（σ_a）	均值（μ_b）	标准差（σ_b）			u_{Ms}	COV_{Ms}
3.253	2.096	0.776	0.153	−0.685	5.0	0.701	0.234
					10.0	0.908	0.139
					15.0	1.007	0.118
					20.0	1.065	0.119
					25.0	1.104	0.125

表 5－9 表明，基础荷载—位移曲线模型参数 M_s 均值随允许位移 s_a 增大而增大，而变异系数取值均随允许位移 s_a 增大而减小。一般建构（筑）物基础上拔位移允许值 $s_a=25$mm。此时，M_s 的均值和变异系数分别为 1.104 和 0.125。

基础上拔允许位移 s_a 一般容易确定，而该允许位移所对应的允许荷载 T_a 则不易直接确定。虽然式（5－11）给出了正常使用极限状态下基础允许荷载与抗拔极限荷载实测值之间的关系，但工程设计时，往往缺乏现场试验数据，不能直接获取抗拔基础实测极限承载力。此时，通常采用相应基础抗拔极限承载力理论计算值来代替试验实测值，而理论计算值和实测值之间必然存在一定的偏差。如第 5 章所述，影响理论值和实测值之间偏差的主要因素就是计算模型误差（M_e），采用试计比 λ_T 可反映这种理论值和试验实测值之间偏差，且有

$$M_e=\lambda_T=\frac{T_{um}}{T_{up}} \tag{5-13}$$

式中　T_{um}——基础抗拔极限承载力试验值，kN；

　　T_{up}——基础抗拔极限承载力理论计算值，kN。

结合式（5－11），得到

$$T_a=M_s(M_eT_{up})=(M_sM_e)T_{up} \tag{5-14}$$

式（5－14）给出了正常使用极限状态下基础允许位移所对应的允许荷载同基础极限承载力理论计算值之间的对应关系，二者通过 M_s 和 M_e 联系起来。

假设随机变量 M_s 和 M_e 相互独立，则 M_sM_e 的均值和变异系数可分别按式（5－15）确定：

$$\begin{cases}\mu_{M_sM_e}=\mu_{M_s}\mu_{M_e}\\ COV_{M_sM_e}=\sqrt{COV_{M_s}^2+COV_{M_e}^2}\end{cases} \tag{5-15}$$

根据 M_s 和 M_e 的统计分布特征，可得正常使用极限状态，不同允许位移条

件下模型参数的统计结果，如表 5－10 所示。

表 5－10　正常使用极限状态（SLS）不同允许位移条件下模型参数的统计结果

允许位移 s_a（mm）	M_e		M_s		M_sM_e	
	u_{M_e}	COV_{M_e}	u_{M_s}	COV_{M_s}	$u_{M_sM_e}$	$COV_{M_sM_e}$
5.0	1.083	0.231	0.701	0.234	0.759	0.329
10.0			0.908	0.139	0.983	0.270
15.0			1.007	0.118	1.091	0.259
20.0			1.065	0.119	1.154	0.260
25.0			1.104	0.125	1.195	0.263

表 5－10 结果表明，基础荷载—位移曲线模型参数 M_sM_e 的均值随允许位移 s_a 增大而增大，而变异系数取值也随允许位移 s_a 增大而减小。通常情况下，一般建构（筑）物基础上拔位移允许值 $s_a=25$mm。此时，M_sM_e 的均值和变异系数分别为 1.195 和 0.263。

根据式（5－14）以及表 5－10 中 M_sM_e 的均值随允许位移 s_a 的变化规律，即可实现基于强度和变形相统一的戈壁原状土掏挖扩底基础的抗拔设计。

综合表 5－9 和表 5－10 可看出，正常使用极限状态下，当同时考虑抗拔基础极限承载力计算理论模型误差和基础荷载—位移曲线模型不确定性时，相同抗拔允许位移所对应的允许荷载预测值将大于仅考虑理论模型误差时的上拔允许荷载值，这有利于工程安全。

第六章 戈壁抗拔基础承载性能研究展望

随着 21 世纪重大工程建设项目的增多，越来越多的岩土工程建设中都存在基础抗拔问题。如输电和通信塔基础、抗浮桩、海洋平台基础、水中及泥中的管道基础、水下基础、冻土和膨胀土地基中的基础等都需要承受上拔荷载，且一般情况下上拔荷载成为其设计控制工况，抗拔基础承载特性及其计算研究仍是当今岩土工程界的一个热点问题。

本书主要是依托在新疆和甘肃地区开展的戈壁地基抗拔基础现场试验成果，系统地介绍了戈壁原状土基础的抗拔性能，建立了基于强度和变形统一的戈壁地基抗拔基础设计计算理论和方法。但在戈壁抗拔基础承载性能研究方面，尚有以下 3 个主要问题可继续开展。

一、戈壁深基础抗拔承载性能

本书作者以输电线路杆塔基础抗拔为研究背景，试验中掏挖基础多属于浅基础，总体上看，相关试验和理论研究成果可较好地适用于戈壁原状土浅埋抗拔基础。随着西部资源开发和社会经济的快速发展，越来越多的岩土工程建设中都存在基础抗拔问题。因此，需进一步开展戈壁碎石土深基础抗拔承载性能研究。

二、戈壁土骨架颗粒微观胶结力作用机理及其宏观力学模型

基础与抗拔土体相互作用工程性质的宏观、微观研究已逐渐受到重视。国内外学者研究表明，胶结作用是较致密的土体粒间诸多作用力的一种，胶结材料可能由土矿物本身在各种风化过程产生，或由土孔隙溶液中获得、沉积在土颗粒间或包裹颗粒改变土体的结果，土体颗粒在胶结材料的作用下，形成微粒集合体——凝聚体。天然土结构中的凝聚体分为两类：一类由微晶碳酸钙把大量的碎屑和黏粒胶结成凝聚体，主要存在于我国北方黄土和黄土状亚黏土地区，它是黄土结构的主要骨架颗粒；另一类由大量的游离氧化硅、氧化铁、氧化铝

把黏土微粒和微碎屑胶结凝聚成形态不太规整的凝聚体，这类凝聚体水稳定性好，有时有些碎屑被胶聚在凝聚体中，形成相当大的凝块。通过大量试验和电子显微镜观察研究表明土体胶结形式分为三种：①黏质胶结，这种胶结以黏土为胶结剂，具有塑性性质，其连接强度取决于黏土吸附水的水量；②钙质或钠质的盐晶胶结，这种胶结的强度是暂时的，随含水量增加、盐晶溶解，其强度就降低甚至消失；③无定形的铁质或铝、硅质胶结，这种胶结的强度比较稳定，基本不随水量变化的影响或影响较小。以上三种胶结连结形式存在于各类黏性土中。土体胶结联系的性质可分水稳性、非水稳性及介于两者之间的三种类。

目前，国内外学者分别对红黏土、黄土、残积黏性土等细粒黏性土开展了土体胶结成因、形式以及土体胶结的微观结构及演化机制研究，并通过研究土体微观结构参量的定量化及结构要素间关系及微观与宏观之间内在关系，建立考虑胶结作用的微观力学模型及相应的土力学模型和本体构造关系，进而应用于工程实践。戈壁原状土骨架颗粒中细粒—粗粒间的相互接触与胶结作用是影响和控制戈壁土物理力学特性及宏观工程性质的主要因素，这也是戈壁土不同于一般“土石混合体”的重要原因。然而，天然戈壁原状土土骨架结构与上述细粒土骨架结构形成机制不同，主要由细颗粒胶结粗颗粒形成的团粒构成，关于戈壁土骨架颗粒间微观胶结力的研究尚属空白；土体微观结构与宏观力学性质之间的定量研究一直是土力学领域中的难点之一，且获取土体宏观力学强度参数值是目前微观土力学领域面临的主要工程和科学问题。因此，迫切需要通过系统的研究，揭示戈壁土骨架颗粒间细观和微观胶结作用的机理，建立土体胶结力微观力学模型；通过数学力学手段，建立土体力学强度参数的宏观力学模型，实现戈壁地基微观结构分析和宏观力学性能定量表征上的突破。

三、戈壁碎石土地基湿陷性和腐蚀机理

美国学者 Rollins 等人研究结果表明，干燥环境中的黏粒含量为 12%～30%的粗粒土，存在浸水条件下具有湿陷性可能。国内学者王生新等对戈壁碎石土地基湿陷性进行了试验研究，结果表明戈壁碎石土湿陷的原因在于骨架颗粒间存在架空孔隙，且部分架空孔隙主要通过黏粒、黏土矿物、易溶盐组成的胶结物而联结在一起。在浸水过程中，黏粒周围薄膜水增厚、黏土矿物自身产生膨胀、易溶盐溶解，导致胶结物的胶结强度丧失，结构失稳并发生湿陷。此外，由于戈壁土中的易溶盐容易造成混凝土基础及钢筋的腐蚀。因此，需进一步研究戈壁碎石土湿陷机理、腐蚀机理及其对基础抗拔承载性能的影响规律。

索　引

参 考 文 献

[1] 鲁先龙．戈壁碎石土浅基础抗拔性能研究：[博士学位论文]．北京：中国地质大学（北京），2013.

[2] 鲁先龙，郑卫锋，程永锋，等．戈壁滩输电线路碎石土地基全掏挖基础试验研究．岩土工程学报，2009，31（11）：1779－1783.

[3] 鲁先龙，乾增珍，童瑞铭，等．戈壁碎石土地基原状土掏挖基础抗拔试验研究．土木建筑与环境工程，2012，34（4）：24-30，58.

[4] 鲁先龙，童瑞铭，李永祥，等．输电线路戈壁地基抗剪强度参数取值的试验研究．电力建设，2011，32（11）：11－15.

[5] 鲁先龙，杨文智，童瑞铭，等．输电线路掏挖基础抗拔极限承载力的可靠度分析．电网与清洁能源，2012，28（1）：9－15，44.

[6] 鲁先龙，乾增珍，童瑞铭，等．戈壁地基扩底掏挖基础抗拔试验及其位移计算．岩土力学，2014，35（7）：1871－1877.

[7] 鲁先龙，程永锋．我国输电线路基础工程现状与展望．电力建设，2005，25（11）：25－27.

[8] 鲁先龙，程永锋，张宇．输电线路原状土基础抗拔极限承载力计算．电力建设，2006，27（10）：28－32.

[9] 鲁先龙，程永锋，乾增珍．输电线路斜坡地形原状土基础抗拔计算理论研究．电力建设，2009，30（2）：11－13.

[10] 鲁先龙．《架空送电线路基础设计技术规定》中基础抗拔剪切法计算参数 A_1 和 A_2 的研究 [J]．电力建设，2009，30（1）：12－17.

[11] 鲁先龙，程永锋，丁士君．风积沙地基工程性质及其输电线路基础抗拔设计．电力建设，2010，31（7）：46－50.

[12] 鲁先龙．土体不同滑动面形态下基础抗拔“剪切法”计算参数 A_1 和 A_2 的统一理论公式．电力建设，2012，33（12）：6－10.

[13] 鲁先龙，程永锋，包永忠，杨文智．杆塔掏挖基础抗拔研究进展及其设计规范的修订．中国电力，2013，46（10）：53－59.

[14] 鲁先龙，郑卫锋，程永锋，等．一种用于戈壁滩碎石土地区的杆塔基础施工方法．中国专利，ZL 2008 1 0226446.0，2012－03－28.

[15] Balla，A. The resistance to breaking out of mushroom foundation for pylons. Proceedings of 5th international conference on soil mechanics and foundation engineering，Paris. 1961，1：569－576.

[16] Chen，J. R. Axial behavior of drilled shafts in gravelly soils. Ph. D. thesis：Cornell University，Ithaca，New York，2004.

[17] Chen，Y. J.，and Chu，T. H. Evaluation of uplift interpretation criteria for drilled shaft

capacity. Canadian Geotechnical Journal，2012，49：70-77.

[18] Chen，Y. J.，Chang，H. W.，and Kulhawy，F. H. Evaluation of uplift interpretation criteria for drilled shaft capacity. Journal of Geotechnical and Geoenvironmental Engineering，2008，134 (10)：1459－1468.

[19] Chin，F. K. Estimation of the ultimate load of piles not carried to failure. Proceedings of 2nd Southeast Asian Conference on Soil Engineering，Southeast Asian Geotechnical Society，Singapore，1970：81－90.

[20] Hirany，A.，and Kulhawy，F. H. Conduct and interpretation of load tests on drilled shaft foundations：Detailed guidelines. Report. No. EPRI－EL－5915，Electric Power Research Institute，Palo Alto，California. 1988.

[21] Housel，W. S. Pile load capacity：Estimates and test results. Journal of Soil Mechanics and Foundation Division，92 (SM4)，1966：1－30.

[22] Kulhawy，F. H.，Trautmann，C. H.，and Beech，J. F.，et al. Transmission Line Structure Foundation for Uplift-Compression Loading. Report NO. EPRI-EL-2870，Electric Power Research Institute，Palo Alto，California，1983.

[23] Lu Xian-Long，Cheng Yong-feng. Review and new development on transmission lines tower foundation in China. Paris：CIGRE 2008 Session，2008. 8：B2-215.

[24] Lu Xianlong and Cui Qiang. The bearing capacity character of enlarged base shallow foundation under uplift load. Advanced Materials Research. Vols. 243－249 (2011)：2151－2156.

[25] Matsuo，M. Study on the uplift resistance of footing (I). Soil and Foundation，1967，7 (4)：1－37.

[26] Matsuo，M. Study on the uplift resistance of footing (II). Soil and Foundation，1968，8 (1)：8－48.

[27] Meyerhof，G. G.，and Adams，J，I. The ultimate uplift capacity of foundations. Canadian Geotechnical Journal，1968，5 (4)：225－244.

[28] Mors，H. Methods of Dimensioning for Uplift Foundations of Transmission Line Towers. In Conference Internationale des Grands Reseaux Electriqure a Haute Tension，Session 1964，210：1－14.

[29] O' Rourke，T. D.，and Kulhawy，F. H. Observations on load tests on drilled shafts. In Drilled piers and caissons II，Edited by C. N. Baker，ASCE，New York，1985：113－128.

[30] Pacheco，M. P.，Danziger，F. A. B.，and Pinto，C. P. Design of shallow foundations under tensile loading for transmission line towers：An overview. Engineering Geology 101，2008：226－235.

[31] Stewart，H. E.，and Kulhawy，F. H. Field evaluation of grillage foundation uplift capacity. Report No. EPRI-EL-6965，Electric Power Research Institute，Palo Alto，California.，1990.

[32] Terzaghi，K. Discussion on progress report of the committee on bearing values of pile

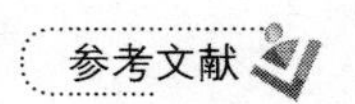

foundations - Pile driving formulas. Proceedings of ASCE, Harvard Soil Mechanics Series 17, 1942, 68: 311 - 323.

[33] Tomlinson, M. J. Pile design and construction practice (A Viewpoint publication). London: Cement & Concrete Association of Great Britain, 1977.

[34] Trautmann, C. H., and Kulhawy, F. H. Uplift load displacement behavior of spread foundations. Journal of Geotechnical Engineering, 1988, 114 (2): 168 - 184.

[35] 蔡正泳，王足献. 正交设计在混凝土中的应用. 北京：中国建筑工业出版社，1985.

[36] 陈仲颐，周景星，王洪瑾. 土力学. 北京：清华大学出版社，1997.

[37] 李正民. 土体抗拔性能的试验研究及其理论分析. 高压输电线路学术讨论会论文集，1981. 8.